Ali Yahya Muneer Layla
Sarah Zaid Mahdi AL-Fallooji

Introdução aos isoladores eléctricos de polímeros

Ali Yahya Muneer Layla
Sarah Zaid Mahdi AL-Fallooji

Introdução aos isoladores eléctricos de polímeros

Imprint

Any brand names and product names mentioned in this book are subject to trademark, brand or patent protection and are trademarks or registered trademarks of their respective holders. The use of brand names, product names, common names, trade names, product descriptions etc. even without a particular marking in this work is in no way to be construed to mean that such names may be regarded as unrestricted in respect of trademark and brand protection legislation and could thus be used by anyone.

Cover image: www.ingimage.com

This book is a translation from the original published under ISBN 978-620-6-77456-3.

Publisher:
Sciencia Scripts
is a trademark of
Dodo Books Indian Ocean Ltd. and OmniScriptum S.R.L publishing group

120 High Road, East Finchley, London, N2 9ED, United Kingdom
Str. Armeneasca 28/1, office 1, Chisinau MD-2012, Republic of Moldova, Europe
Printed at: see last page
ISBN: 978-620-8-17331-9

Dedicatórias

Dedico o meu livro à minha família e aos meus muitos amigos. Um sentimento especial de gratidão para com os meus queridos pais, cujas palavras de encorajamento e de incentivo à tenacidade ressoam nos meus ouvidos. Obrigado por me terem dado a oportunidade de provar e melhorar a mim próprio ao longo de todos os meus percursos de vida.

Dedico também este livro aos meus muitos amigos que me apoiaram ao longo de todo o processo. Espero que, com esta pesquisa, vos tenha provado que não há montanha mais alta desde que Çod esteja do nosso lado. Esperando que voltem a caminhar e que consigam realizar os vossos sonhos.

Agradecimentos

Quero em primeiro lugar agradecer a Deus pela força e sustento que me deu para trabalhar até à conclusão deste estudo, não foi fácil mas valeu a pena.

Gostaria de agradecer aos meus pais pelo amor e apoio que me deram ao longo de toda a minha vida. Estiveram presentes em todas as decisões que tomei e ajudaram os meus sonhos a tornarem-se realidade. Espero ter-vos deixado orgulhosos. Acima de tudo, à minha família, pela sua inabalável crença nas minhas capacidades, facto que me faz esforçar mais na vida para ter sucesso.

Gostaria de agradecer a todos os meus amigos de diferentes departamentos da Universidade da Babilónia pelos momentos de café e discussão; estes momentos foram inesquecíveis. Um agradecimento especial vai para os membros do departamento de pessoal pelo seu apoio contínuo.

Uma palavra de gratidão para os meus colegas de trabalho que se prontificaram a ajudar de todas as formas possíveis. Há uma série de outras pessoas a quem estou em dívida pelo seu apoio e participação para tornar este trabalho um sucesso, que não posso enumerar pelos seus nomes, mas que devem saber que foram reconhecidas.

Por fim, agradeço a todos os que me ajudaram, encorajaram e apoiaram durante este trabalho, na certeza de que o Çod vos abençoará a todos pelo contributo que deram.

Prefácio

Neste livro, **Introdução aos Isoladores Eléctricos de Polímeros,** uma introdução aos isoladores de polímeros foi resumida e apresentada de uma forma simples, que pode ser muito útil para qualquer pessoa que trabalhe na área dos isoladores eléctricos de polímeros. Este livro pode ser útil para aulas teóricas para estudantes de graduação e pós-graduação, bem como para os investigadores. É composto por três capítulos, o primeiro aborda a introdução dos isoladores eléctricos, com antecedentes históricos, benefícios e o papel dos isoladores eléctricos na indústria. O segundo capítulo contém aplicações, tipos e os principais componentes em pormenor e todos os parâmetros de saída dos isoladores eléctricos numa explicação abrangente com figuras esquemáticas. O terceiro capítulo contém a explicação com mais pormenores sobre os isoladores de polímeros.

Índice

Capítulo 1: Introdução aos isoladores eléctricos

1.1 Introdução

No início do século XX, os materiais isolantes eram principalmente substâncias naturais, como a mica, a borracha, o mármore e o piche. Estes dieléctricos eram produzidos diretamente a partir de plantas ou de minerais ou outros materiais inorgânicos, e tinham fracas propriedades eléctricas. A sua baixa resistividade e resistência à rutura limitavam as capacidades de isolamento e os níveis de potência dos equipamentos eléctricos, bem como a utilização de dieléctricos em instrumentos eléctricos especializados. Estes materiais naturais são considerados como a primeira geração de materiais isolantes

Os materiais isolantes eléctricos oferecem uma elevada resistência à passagem de correntes eléctricas e são utilizados em sistemas eléctricos para limitar o fluxo de corrente nos condutores de diferentes fases e para isolar da terra os condutores que transportam corrente. A aplicação dos isoladores é tão variada que a escolha deve ser feita tendo em conta as propriedades necessárias, incluindo a fragilidade dos isoladores, bem como as circunstâncias especiais da instalação. Nenhum tipo de isolador tem todas as vantagens e deve ser escolhido de modo a que as suas desvantagens não sejam um prejuízo na aplicação específica [1].

As aplicações dos isoladores no sistema elétrico são as seguintes:

- Equipamentos eléctricos (motores, transformadores, condensadores, geradores, linhas de transmissão, cabos e comutadores).
- Eletrónica e comunicações.
- Electrodomésticos, como ferro de engomar e ar condicionado

Os transformadores são componentes essenciais da rede do sistema de energia eléctrica. Desempenham um papel vital em todos os domínios da rede do sistema de energia eléctrica, como a produção, transmissão e distribuição de energia eléctrica. A maioria dos transformadores depende de dieléctricos líquidos como material isolante. Evita curtos-circuitos internos, protege o transformador de ataques químicos, evita a formação de lamas e actua como agente de arrefecimento para remover o calor quando o transformador está a ser alimentado. O óleo mineral obtido por destilação fraccionada e subsequente tratamento do petróleo bruto tem sido utilizado como isolamento líquido há mais de 75 anos. É também utilizado em diferentes equipamentos eléctricos para além de um transformador, que incluem diferentes tipos de condensadores de alta tensão, interruptores, disjuntores, comutadores de derivação e casquilhos, etc.[2]

Os materiais isolantes mais comuns são a borracha, a mica, os compostos de mica, a micanite, o hidrogénio clorado, os tecidos impregnados, as substâncias termoendurecíveis, as resinas termoplásticas, o nylon, o papel, a borracha de silicone, a cerâmica, os vidros, as películas polimétricas (plásticas), o hexafluoreto de enxofre (SF6), o hélio, o azoto e o dióxido de carbono. O isolamento elétrico pode ser sólido, líquido ou gasoso, desde que actue como um meio que ofereça uma elevada resistência à condução da corrente eléctrica. Para que um material seja considerado para isolamento, deve possuir valores elevados de: rigidez dieléctrica, resistência e resistividade, constante dieléctrica e capacidade de isolamento térmico [3].

As propriedades isolantes de qualquer material dependem da rigidez dieléctrica ou da capacidade de impedir a fuga de pequenas correntes e das perdas de potência ou da absorção de energia eléctrica que é convertida em calor. Um isolante ideal tem uma elevada rigidez e resistência dieléctrica, resistência mecânica e estabilidade química, bem como um baixo teor de humidade e, consequentemente, uma baixa perda de potência.

A rigidez dieléctrica é a tensão máxima que um material isolante entre duas placas condutoras eléctricas paralelas pode suportar antes de se romper e começar a descarregar. É normalmente expressa em termos de gradiente de tensão, como volts por milímetro. Normalmente, a rutura ocorre a um valor muito mais elevado de volts por milímetro em peças de teste muito finas (alguns milímetros de espessura) do que em secções mais espessas.

A resistência eléctrica de um material, expressa em ohms, é uma medida do tédio ou da dificuldade com que uma corrente eléctrica passa ou é conduzida através do material. Os materiais isolantes são muito maus condutores, oferecendo uma elevada resistência. A relação entre a resistência e a resistividade é expressa pela equação.

$$p = RA/L$$

em que,

ρ é a resistividade volumétrica em Ohm centímetro,

R é a resistência (ohms),

A é a área da secção transversal *(cm²)* do material

L é o comprimento (cm) entre as faces do provete.

A constante dieléctrica de um material isolante é definida como a razão entre a capacitância do material e a capacitância do mesmo sistema de eléctrodos com o ar a substituir o isolamento como meio dielétrico. Também é definida como a propriedade de um isolante, que determina a energia eletrostática armazenada no material sólido. Caraterísticas de um bom material isolante Um bom material isolante deve possuir as seguintes caraterísticas:

- Elevada resistência dieléctrica
- Grande resistência ao isolamento
- Viscosidade uniforme: confere caraterísticas térmicas e eléctricas uniformes.
- Deve ser totalmente uniforme: mantém os desperdícios eléctricos tão pequenos quanto possível e as tensões eléctricas uniformes sob grande diferença de tensão.
- Menor dilatação térmica
- Quando expostos a arcos voltaicos, não devem ser inflamáveis
- Deve ser resistente a líquidos ou óleos, ácidos, vapores de gás e álcalis
- Não deve ter qualquer influência deteriorante sobre o material, em contacto com ele
- Baixo coeficiente de dissipação
- Elevada resistência térmica
- Grande resistência mecânica
- Óptima condutividade térmica
- Baixa permissividade
- Isento de isolamento gasoso para controlo das descargas (para gases e sólidos)
- Deve ser homogéneo para lidar com a concentração de tensões locais
- Deve ser resistente à deterioração química e térmica

1.2. História do isolador elétrico

Os polímeros estão connosco desde o início dos tempos e constituem os blocos de construção da vida. Animais, plantas - todas as classes de organismos vivos - são compostos por polímeros. No entanto, em meados do século XX, começámos a compreender a verdadeira natureza dos polímeros. Esta compreensão surgiu com o desenvolvimento dos plásticos, que são verdadeiros materiais feitos pelo homem e que constituem o derradeiro tributo à criatividade e ao engenho do homem. Posteriormente, os polímeros mudaram as nossas vidas. É difícil visualizar o mundo atual, com todo o seu luxo e conforto, sem os materiais poliméricos fabricados pelo homem [4] Desde a antiguidade até aos dias de hoje, o polímero é considerado o material isolante mais utilizado. De seguida, explicaremos a história do desenvolvimento dos isoladores poliméricos.

Décadas de 1960 e 1970: Os primórdios do moderno isolamento de polímeros sintéticos

Embora os materiais isolantes sintéticos existam desde o primeiro quartel do século XX, nenhum dos materiais disponíveis possui uma capacidade HV adequada, por exemplo, forças de campo de rutura superiores a alguns quilovolts por milímetro. A sua formulação química complexa, a presença de impurezas moleculares e a introdução de defeitos ou contaminantes durante o processamento tornam as perdas dieléctricas e a condução iónica um problema. A década de 1960 assistiu a dois acontecimentos notáveis, nomeadamente a generalização da utilização de polietileno extrudido para cabos de AT e a introdução de películas finas de polipropileno para utilização em condensadores. A estes acontecimentos seguiu-se um florescimento de aplicações de isolamento sintético num campo cada vez maior, quer como isolamento a granel para aparelhos e sistemas de AT, quer como camadas poliméricas finas a tensões mais baixas. No decurso desta expansão, surgiram muitos desafios. O interesse dos fabricantes de cabos em substituir o tradicional isolamento de óleo/papel por polietileno sintético remonta ao final da década de 1950, altura em que tiveram de ser ultrapassadas as dificuldades práticas de extrusão do polietileno com uma espessura adequada para aplicação em AT (>15 kV). No início dos anos 60, o polietileno extrudido começou a ser utilizado em cabos de AT, substituindo o isolamento de papel impregnado de óleo e o revestimento de chumbo em muitos cabos de distribuição subterrânea residencial de 13 kV e 23 kV nos Estados Unidos. Isto resultou numa redução considerável do custo dos cabos, emendas, terminações e instalação. Acreditava-se que a simplicidade do polietileno o tornaria superior à borracha de etileno-propileno, que exigia, e ainda exige, a composição com compostos de enchimento. Em 1963, o polietileno reticulado (XLPE) foi introduzido como isolamento elétrico para cabos de média tensão, com propriedades mecânicas e térmicas melhoradas em relação ao polietileno. Esta melhoria foi uma consequência de numerosos avanços na formulação e processamento de compostos isolantes eléctricos baseados em polietileno quimicamente reticulado, que foi introduzido comercialmente pela primeira vez em 1958. Os estudos fundamentais destinados a compreender as propriedades eléctricas básicas do isolamento polimérico continuaram durante as décadas de 1960 e 1970. A condução iónica e eletrónica a campos baixos e altos, respetivamente, a condução limitada por carga espacial, os efeitos de elétrodo com emissão termiónica e de Fowler Nordheim, os efeitos de massa com mobilidade dependente do campo e as teorias de rutura foram desenvolvidos, com base em conceitos modernos de física do estado sólido e na extensão do modelo de estrutura de bandas a fases desordenadas/amorfas [5].

Décadas de 1970 e 1980: Idade do isolamento polimérico sob tensão funcional - A era do Treeing

A investigação das árvores eléctricas e aquáticas aumentou rapidamente no final da década de 1960 e no início da década de 1970, apesar de um levantamento da literatura sobre a degradação do isolamento por descargas parciais e arborização eléctrica fornecer centenas de referências que remontam à década de 1920. A formação de árvores e o rastreio interno eram conhecidos por causarem falhas precoces nos cabos isolados com papel/óleo, e a formação de árvores foi registada em amostras de polietileno em 1955. Provavelmente, os anúncios feitos por Vahlstrom e Lawson, em reuniões nacionais do IEEE em 1971 e 1972, de que os cabos de energia isolados com polietileno que falhavam em serviços subterrâneos enterrados por vezes continham arborizações causaram mais preocupação do que nunca. Esta preocupação estava relacionada com o desempenho futuro de muitos quilómetros de cabos de alimentação com isolamento de polietileno em serviço subterrâneo. A rutura parcial, após o aparecimento de uma pequena árvore, foi totalmente inesperada. As falhas começaram a ocorrer após cerca de cinco anos em serviço e aceleraram com o passar do tempo. No início, a causa das falhas era um mistério. A "arborização" da tensão era um mecanismo reconhecido para a falha da tensão, mas o exame encontrou um mecanismo de falha não relacionado e não reconhecido anteriormente, nomeadamente a "arborização da água". O polietileno reticulado (XLPE) foi introduzido cerca de dois anos após a primeira utilização do polietileno de alta densidade. Inicialmente, pensava-se que o XLPE não iria "arborizar", mas isso aconteceu e falhou. Na sequência destas observações, foi iniciado um estudo laboratorial intensivo de árvores eléctricas e aquáticas. Foram publicados relatórios que actualizam os conhecimentos actuais, por exemplo, . Foram identificadas árvores eléctricas, aquáticas e electroquímicas, embora estas últimas pareçam estar ligadas a ambientes químicos muito específicos. As caraterísticas comuns dos três tipos são o facto de se iniciarem em locais de tensão eléctrica elevada e divergente (Figura 1.1). Na altura, era claramente entendido que o treeing pode afetar uma grande variedade de dieléctricos orgânicos, mas o foco estava no polietileno devido à sua grande utilização no isolamento elétrico. Também se compreendeu que uma diferença fundamental entre o treeing elétrico e o aquoso era a atividade periódica de descarga parcial no treeing elétrico, em contraste com a presença de humidade mas ausência de descarga parcial no treeing aquático. Foi utilizado um grande número de nomes descritivos para descrever o aspeto das árvores, por exemplo, dendrite, leque, pluma, delta, arbusto, brócolo, corda e laço. Apesar do facto de a distinção entre árvores eléctricas e árvores aquáticas não ser necessariamente direta quando baseada em imagens simples, a investigação laboratorial levou a que fossem atribuídas caraterísticas específicas a cada tipo de árvore, por exemplo, canais ocos permanentes (diâmetro micrométrico) nas árvores eléctricas e canais filamentosos mais finos interrompidos por bolhas nas árvores aquáticas (Figura 1.2).

Figura (1.1) Arvorismo elétrico e hídrico em cabos com isolamento de polietileno. (a) Árvores eléctricas que crescem a partir de defeitos que aumentam o campo na interface semicondutor/isolamento nos primeiros cabos com isolamento de polietileno. Com o progresso no processamento dos cabos, este tipo de árvore raramente foi observado. (b) Árvores de água ventilada que crescem a partir da blindagem do condutor ou que atravessam todo o isolamento [6] .

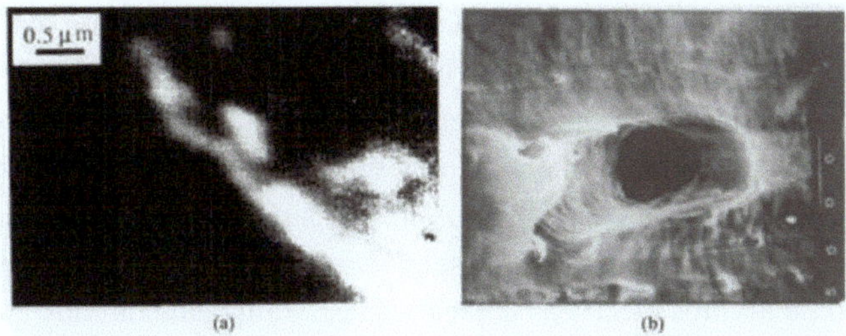

Figura (1.2) Caraterísticas estruturais das árvores aquáticas e eléctricas. (a) Estrutura fina de canais semelhantes a filamentos interrompidos por bolhas num espécime de XLPE de laboratório com árvores aquáticas (microscopia de fluorescência com coloração de rodamina). (b) Um canal de árvore eléctrica com 5 μm de diâmetro cortado perpendicularmente à sua direção de propagação num espécime de laboratório de polietileno (microscopia eletrónica de varrimento).

Muito importante é o facto de as árvores crescerem a partir de imperfeições e protuberâncias na interface semicondutor/polietileno nos cabos, ou a partir de vazios internos ou impurezas. Este facto sublinha a importância de reduzir os gradientes de tensão devidos às imperfeições dos cabos e de controlar o seu fabrico de modo a evitar a formação de árvores em serviço. Provavelmente, as maiores melhorias na resistência dos cabos à formação de árvores resultaram da substituição de fitas condutoras impregnadas por camadas extrudidas de polímero semicondutor e da filtragem da resina durante a sua extrusão para eliminar grandes contaminantes a granel. A co-extrusão do isolamento e do semicondutor, e a eliminação do vapor como meio de transferência de calor na operação de reticulação, reduziram a densidade e a dimensão dos vazios no XLPE. Surgiram questões científicas relacionadas com a questão do treeing, por exemplo, a possibilidade de penetração de grandes iões no polietileno e subsequente deterioração. Foi dedicado um grande esforço à quantificação do aumento de campo necessário para iniciar uma árvore. Foram evocados diferentes mecanismos de iniciação, mas o mais bem sucedido foi a injeção e extração de carga com o possível desenvolvimento de "electrões quentes". Na altura, a injeção de carga era investigada em líquidos; a injeção em sólidos era mais difícil de resolver. Nas décadas de 1970 e 1980, acreditava-se que a presença de um vazio não era uma condição necessária para o crescimento da árvore, assumindo o aumento do campo local, mas que a formação de vazios resultaria da injeção de carga. No final da década, foram implementados alguns métodos para melhorar a resistência dos materiais à base de polietileno à formação de árvores. A maior parte dos progressos consistiu em evitar as condições para o desenvolvimento de árvores. O início da formação de árvores eléctricas coloca a questão fundamental dos efeitos da carga interna, injectada a partir dos eléctrodos ou gerada por dissociação de campo, que seria uma barreira ao desenvolvimento de dieléctricos de campo elevado se não fosse melhor compreendida e controlada.

Décadas de 1980 e 1990: Novos Conceitos em Fenómenos de Alto Campo e o Início da Medição de Cargas Espaciais

Grande parte da investigação anterior sobre arborização, formulação de materiais e processamento de sistemas continuou na década de 1980. Os progressos, especialmente no processamento de materiais, permitiram o desenvolvimento de sistemas que funcionam com campos eléctricos mais elevados, o que renovou o interesse nas propriedades de campo elevado dos materiais isolantes. Este período foi marcado por um aprofundamento da nossa compreensão do comportamento do isolamento em campos elevados e pelo desenvolvimento de técnicas de medição de cargas espaciais resolvidas espacialmente que permitiram a medição em tempo real da distribuição de cargas espaciais no interior de um dielétrico. Durante os primeiros tempos do isolamento sintético, a atenção centrou-se no estudo da condutividade iónica, que se pensava ser responsável por grande parte da perda dieléctrica e da condutividade. Isto era, de facto, verdade para os materiais com formulação química complexa, compostos com as técnicas disponíveis na altura. No entanto, os progressos na preparação de novos materiais com menos contaminação e menos defeitos para utilização como isolamento a granel, e o aumento da utilização do polietileno, puseram em evidência a componente eletrónica da corrente de condução. Percebeu-se que seria necessário um melhor conhecimento das propriedades electrónicas dos meios não condutores para alargar a utilização destes materiais a campos mais elevados. Percebeu-se também que a acumulação de cargas espaciais resultante da injeção desempenharia um papel importante nos fenómenos de envelhecimento. No início dos anos 80, já existia uma base teórica sólida (teoria das bandas) para descrever as propriedades electrónicas dos materiais parcialmente cristalinos. Foram desenvolvidas técnicas experimentais para medir diretamente a injeção de carga a partir de um ponto de campo divergente, típico de muitas das experiências realizadas em isolamentos a granel durante o período anterior. A componente capacitiva da corrente num sistema de agulhas sob tensão alternada foi reduzida, o que permitiu medições mais sensíveis da corrente associada à injeção de carga (ver Figura 1.3). A medição em tempo real da injeção de carga sob tensão alternada em diferentes materiais validou os primeiros modelos de iniciação de árvores por injeção/extração de carga. Simultaneamente, foi realizado um trabalho experimental fundamental para compreender a interação.

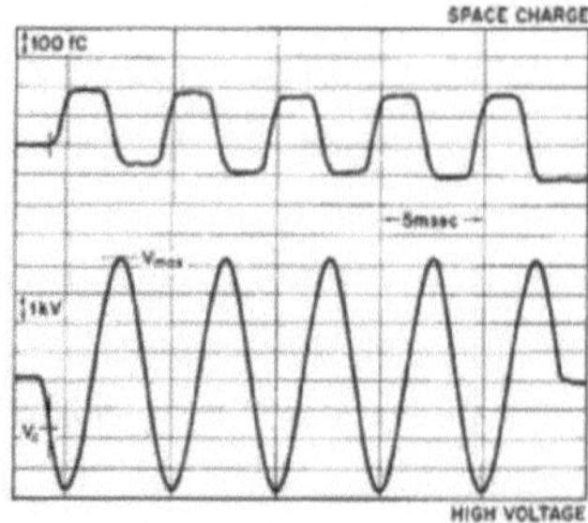

Figura (1.3) Medição em tempo real da injeção/extração de carga num campo divergente sob tensão alternada de 200 Hz na ponta de uma agulha protegida em epóxi. A injeção começa numa tensão crítica Vc e termina em Vmax . A extração de carga ocorre quando o critério de tensão na direção oposta é satisfeito. Uma vez que este critério é satisfeito duas vezes durante cada ciclo CA, a injeção e extração de carga resultam numa verdadeira corrente CA de carga espacial.

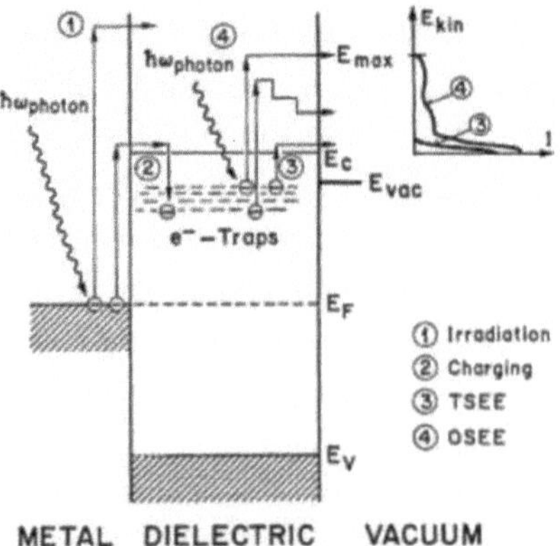

Figura (1.4) Experiências de emissão de exoelectrões numa película fina e purificada de C36 H74 sobre um substrato metálico, demonstrando a existência de danos por radiação induzidos por portadores quentes acima de um limiar de energia eletrónica. Os processos são (1) irradiação por foto-injeção de electrões quentes do substrato metálico, (2) carregamento da película por electrões de baixa energia, (3) emissão de exoelectrões termicamente estimulada (TSEE) e (4) emissão de exoelectrões opticamente estimulada (OSEE).

No início dos anos 80, foram introduzidas duas técnicas para a medição da carga espacial interna, nomeadamente o método do impulso de pressão induzido por laser e o método eletroacústico pulsado. Ambas se baseiam na perturbação transitória da posição da carga espacial interna e na medição simultânea da resposta eléctrica (no método do impulso de pressão induzido por laser) ou da resposta acústica (no método eletroacústico pulsado). No método do impulso de pressão induzido por laser, a perturbação tem origem num curto impulso de laser incidente num elétrodo, gerando uma onda de pressão que se propaga através da amostra. No método eletroacústico pulsado, um curto impulso de tensão aplicado à amostra gera uma onda acústica (em resultado da força aplicada à carga espacial pelo impulso de tensão) que se propaga através da amostra. Estas duas técnicas parecem simples em princípio, tal como os métodos térmicos alternativos, mas decorreram 10 anos antes de serem utilizadas por rotina nos laboratórios.

Décadas de 1990 e 2000: A introdução do isolamento polimérico HVDC

A reconsideração do transporte de energia através de ligações em corrente contínua de alta tensão (HVDC) surgiu nos anos 90, no contexto de tecnologias de conversão mais baratas e mais flexíveis, do desenvolvimento de redes eléctricas de grande escala, da interconexão de redes e da recolha de energias renováveis produzidas longe das zonas de consumo. Os cabos isolados são, por vezes, obrigatórios (nas ligações submarinas, nas zonas urbanas) e, por vezes, preferíveis devido à pressão da sociedade (por exemplo, para a instalação de novas linhas). A possibilidade de utilização de isolamentos poliméricos em cabos para ligações HVDC surgiu naturalmente em conjunto com a substituição dos cabos de papel isolados a óleo. Embora maduros e fiáveis, estes últimos sofrem de restrições de manutenção, pelo que foi tentador tentar aplicar os benefícios de 30 anos de experiência de isolamento polimérico em ligações HVAC ao caso HVDC. O desenvolvimento de medições de rotina fiáveis da carga espacial foi muito oportuno, uma vez que a acumulação de carga espacial é um dos principais desafios decorrentes da baixa condutividade do isolamento polimérico. A introdução de conversores de fonte de tensão, que evitam a inversão de polaridade, também foi vantajosa para o isolamento polimérico, uma vez que a rutura do cabo na inversão de polaridade é um grande problema. A seleção de materiais para utilização em CCAT é difícil. Embora a produção de cabos HVAC e extra-HVAC esteja agora bem estabelecida, baseada principalmente no XLPE com a sua excelente estabilidade termomecânica, existe a convicção de que o XLPE não é provavelmente a melhor escolha para evitar problemas de carga espacial; os resíduos de reticulação actuam como centros de aprisionamento ou como fontes de carga iónica num material de resistividade relativamente elevada. Nas últimas duas décadas, foram publicados muitos trabalhos sobre o efeito de aditivos e resíduos na carga espacial em materiais de polietileno, especialmente em XLPE. Ao passar do polietileno de baixa densidade (LDPE) para o XLPE, ocorre uma mudança de perfis de carga espacial dominados por homocarga para perfis de carga espacial dominados por heterocarga, o que pode ser entendido, grosso modo, como uma mudança da acumulação de carga dominada por injeção para a acumulação de carga iónica com origem em resíduos de ligações cruzadas. A procura de materiais de elevada resistência DC revelou o fenómeno fascinante dos pacotes de cargas espaciais, ou seja, frentes de carga com origem num elétrodo (em medições de cargas espaciais) e que se propagam através da amostra dieléctrica para o outro elétrodo. A caraterística interessante destes pacotes de carga é a sua natureza repetitiva. São constituídos por nuvens de carga formadas na vizinhança de um elétrodo, quando o campo elétrico local excede um limiar dependente do material da ordem dos 100 kV/mm. Estas nuvens propagam-se através da amostra até ao elétrodo oposto, onde entram em colapso, dando início à formação de uma nova nuvem de carga.

Com a melhoria das tecnologias de processamento de termoplásticos, as concentrações de vazios gasosos capazes de sustentar a atividade de descarga parcial no interior do isolamento em massa foram drasticamente reduzidas. O foco foi deslocado para a possível existência e efeito de pequenos vazios (alguns microns), não suficientemente grandes para sustentar uma avalanche de electrões, mas produzindo condições locais em que um eletrão livre poderia ganhar energia do campo elétrico e iniciar alguns eventos ionizantes. Esta ideia foi mais tarde incorporada num esquema mais geral. Mais tarde, foram realizados trabalhos para revelar o aparecimento de submicrocavidades devido a efeitos de envelhecimento no isolamento de polietileno, utilizando uma vasta gama de técnicas microestruturais, físicas e eléctricas.

De 2000 até à atualidade: A Era Nano

Na primeira década dos anos 2000, as medições de cargas espaciais passaram a fazer parte dos ensaios de rotina de materiais isolantes, apoiando o desenvolvimento contínuo de materiais para aplicações HVDC. No Japão, foram desenvolvidos cabos HVDC com isolamento polimérico. Na sequência do aperfeiçoamento técnico dos métodos de medição de cargas, chegou a altura de consolidar os dados sobre os materiais isolantes e explorar as observações sobre a dinâmica da acumulação de cargas, para desenvolver modelos de condução e de aprisionamento. Para tal, foram revistas as teorias mais antigas dos dieléctricos no contexto de novos dados sobre os materiais e de métodos numéricos actualizados para a resolução de equações diferenciais. As lições aprendidas com as medições de cargas espaciais, por exemplo, a natureza bipolar do transporte e a injeção significativa de portadores electrónicos, e com as medições de eletroluminescência, por exemplo, a re-combinação de cargas, foram utilizadas numa tentativa de fornecer uma descrição completa dos materiais de polietileno. As dificuldades resultam da falta de valores para as quantidades utilizadas no modelo, por exemplo, a profundidade da armadilha, as barreiras à injeção e a probabilidade de recombinação, que são muito difíceis de inferir a priori. O estabelecimento de uma ligação com abordagens ab initio poderá ser uma forma de progredir no sentido de uma descrição mais completa, embora a complexidade dos materiais torne difícil a ligação entre as escalas microscópica e macroscópica.

A explosão da investigação sobre materiais nanocompósitos marca claramente a década. No primeiro de uma série de artigos que assinalam os 50 anos do DEIS, Tanaka e Imai centram-se nos avanços dos materiais nanoeléctricos.

Continua a ser necessário rever alguns aspectos fundamentais do trabalho com materiais modelo, ou seja, estruturas simples e controladas. Não estão disponíveis formulações completas de microcompósitos de XLPE ou epóxi, pelo que estes materiais não são certamente as escolhas certas para o trabalho destinado a compreender os efeitos que as partículas à escala nanométrica podem ter nas propriedades dieléctricas. Na nossa opinião, outra dificuldade é que a maioria das ferramentas de caraterização dieléctrica fornece informações à escala macroscópica, tendo uma resolução insuficiente nas escalas em que ocorrem os processos de interface. Os métodos de sonda de varrimento podem ser aplicados de várias formas para estudar uma grande variedade de materiais dieléctricos e aplicações e devem ter um futuro brilhante neste contexto.

1.3 Vantagens dos isolamentos

Os isoladores eléctricos servem como protectores dos circuitos eléctricos e a sua função principal é evitar fugas eléctricas. Para compreender esta função crucial, consideremos a natureza fundamental da eletricidade. A corrente eléctrica consiste em electrões em movimento e procura sempre o caminho de menor resistência para completar um circuito. Sem isoladores, os electrões podem escapar ou fluir em direcções indesejadas, dando origem a vários problemas:

- **Curto-circuitos:** Quando os electrões encontram um caminho não intencional, podem provocar um curto-circuito. Este pico repentino de corrente pode levar a sobreaquecimento, faíscas e até mesmo incêndios, colocando graves riscos de segurança.
- **Perda de eficiência:** A eficiência é importante nos sistemas eléctricos. A fuga de eletricidade significa desperdício de energia, o que é especialmente crítico na transmissão e distribuição de energia.
- **Danos no equipamento:** O equipamento e os componentes eléctricos podem ser danificados ou comprometidos se os electrões se desviarem do caminho pretendido. Isto pode resultar em reparações ou substituições dispendiosas.

Os isoladores eléctricos actuam essencialmente como barreiras que impedem o fluxo de electrões, assegurando que a corrente permanece dentro dos condutores e componentes designados de um circuito. Conseguem-no através de uma elevada resistência eléctrica, resistindo eficazmente ao movimento dos electrões e evitando fugas eléctricas.

Um sistema de isolamento corretamente concebido e instalado oferece benefícios imediatos e a longo prazo. O isolamento protege o seu pessoal, o seu equipamento, o seu sistema e o seu orçamento. Os benefícios são os seguintes [7]:

- Reduz os custos de energia
- Evita a condensação de humidade
- Reduz a capacidade e a dimensão dos novos equipamentos mecânicos
- Melhora o desempenho do processo
- Reduz as emissões de poluentes
- Segurança e proteção do pessoal
- Desempenho acústico: reduz os níveis de ruído
- Maximiza o retorno do investimento (ROI)

- Melhora a aparência
- Proteção contra incêndios

1.4 O papel dos isoladores eléctricos na indústria

Existem muitas aplicações práticas em que os isoladores eléctricos são utilizados, sendo as mais importantes as seguintes :

- A utilização de plástico em ferramentas de ligação eléctrica para evitar a transmissão de eletricidade a seres humanos quando se utilizam dispositivos que dependem da eletricidade, tais como cabos eléctricos e fios de ligação eléctrica.
- São utilizados materiais especiais no fabrico de capacetes de proteção utilizados pelos bombeiros que estão expostos a edifícios que contêm fios eléctricos desencapados, que podem constituir um perigo para as suas vidas.
- Os isoladores eléctricos são utilizados nos postes de iluminação, alguns dos quais são feitos de material cerâmico, para isolar os fios de transmissão da corrente eléctrica, e muitas pessoas sofrem danos eléctricos quando entram em contacto com esses postes[8] .

Estes materiais que não conduzem a corrente eléctrica são utilizados nos chamados condensadores eléctricos, a fim de aumentar a capacidade destes condensadores para armazenar cargas eléctricas. Os trabalhadores das instalações eléctricas utilizam ferramentas em que a parte em contacto com a pessoa é revestida com materiais que isolam a corrente eléctrica. Os cabos destas ferramentas são revestidos de plástico, como é o caso dos alicates e das ferramentas para cortar fios eléctricos. Usam também solas de borracha e luvas de plástico que proporcionam a proteção necessária para evitar que a corrente eléctrica os atinja.

Figura (1.5) Isolamento elétrico de pontes.

Figura (1.6) Isoladores de transformadores eléctricos.

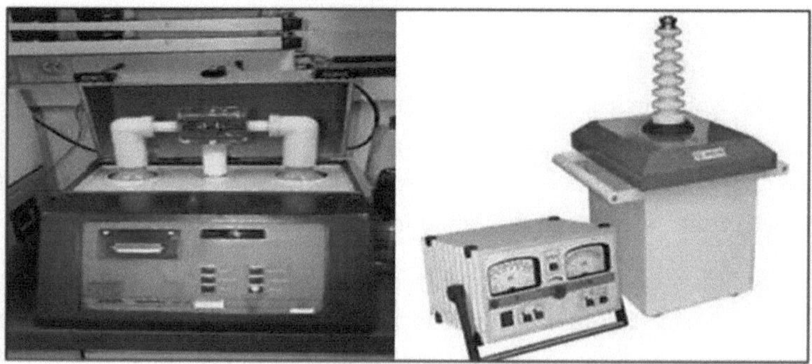

Figura (1.7) Isolamento elétrico dos aparelhos eléctricos.

Isoladores elétricos Tamanho do mercado avaliado em US $ 5,5 bilhões em 2023 e deve exibir mais de 6% CAGR entre 2024 e 2032. Impulsionado pela crescente ênfase na segurança e estabilidade, juntamente com o aumento dos gastos com infraestrutura elétrica em aplicações de rede elétrica. A renovação e substituição das redes existentes, especialmente nas economias emergentes, irão aumentar o crescimento do mercado.

Políticas governamentais rigorosas destinadas a desenvolver redes eléctricas sustentáveis e a promover a produção de energia através de fontes de energia limpa irão impulsionar ainda mais a expansão da indústria. Os quadros regulamentares favoráveis e o aumento dos investimentos no desenvolvimento tecnológico e na expansão da rede eléctrica terão impacto na dinâmica do mercado dos isoladores eléctricos. O aumento da procura de unidades energeticamente eficientes no sector industrial e de produção de energia, em linha com a substituição em curso de componentes eléctricos tradicionais para garantir operações de transmissão e distribuição suaves e fiáveis, contribuirá ainda mais para a procura do negócio.

O mercado dos isoladores eléctricos deverá registar um crescimento substancial devido à sua forte sustentabilidade e rentabilidade. Estas unidades desempenham um papel crucial para garantir o fornecimento de energia fiável, limpa e acessível através das redes eléctricas de transmissão e distribuição. Os respectivos governos estão a tomar novas iniciativas para melhorar as infra-estruturas eléctricas, especialmente em regiões propensas a eventos climáticos extremos como furacões, condições de congelamento e incêndios florestais, que muitas vezes afectam a fiabilidade dos isoladores tradicionais e irão alimentar a procura de unidades tecnológicas avançadas.

Por exemplo, em janeiro de 2023, o governo dos Estados Unidos revelou um investimento substancial de 2,7 mil milhões de dólares para facilitar a modernização e a expansão da rede eléctrica rural e reforçar as medidas de segurança da rede. O investimento será atribuído a 64 cooperativas eléctricas e empresas de serviços públicos em todo o país com o objetivo de trazer vantagens duradouras às comunidades rurais, empresas e indivíduos, promovendo o desenvolvimento do mercado de isoladores eléctricos nestas áreas[9].

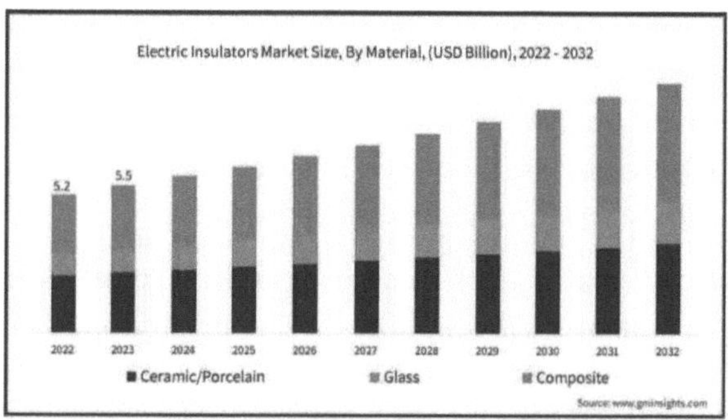

Figura (1.8) Tamanho do mercado de isoladores elétricos, por material, (bilhões de dólares), 2022 - 2032

O segmento de isoladores compostos deve testemunhar um CAGR de mais de 6,5% até 2032, atribuído pela crescente demanda por linhas de transmissão de alta tensão, maior foco na modernização da rede e aumento dos investimentos em tecnologias de energia renovável, entre outros parâmetros. Novas iniciativas de eletrificação por órgãos governamentais para atender locais remotos, juntamente com recursos operacionais aprimorados de dispositivos compostos, irão alimentar o cenário da indústria. Além disso, as medidas crescentes para substituir o antigo equipamento de infraestrutura por unidades avançadas contribuirão ainda mais para a dinâmica do mercado de isoladores eléctricos.

O mercado dos isoladores cerâmicos deverá registar uma reviravolta significativa devido ao aumento da procura de eletricidade, ao desenvolvimento de infra-estruturas e à necessidade de redes fiáveis de transporte e distribuição de energia. A necessidade acelerada de aumentar a fiabilidade e a eficiência das redes de transmissão e distribuição de energia para fazer face ao aumento do consumo de energia pela população em crescimento influenciará a dinâmica da indústria. A capacidade destas unidades para oferecerem elevadas propriedades de isolamento elétrico, excelente resistência mecânica, resistência a factores ambientais e durabilidade a longo prazo aumentará a procura do produto. Estas unidades são utilizadas em várias aplicações, tais como linhas de transmissão aéreas, subestações, transformadores e aparelhagem de comutação, o que impulsionará ainda mais a implantação do produto.

Prevê-se que o mercado dos isoladores eléctricos de alta tensão registe um crescimento substancial devido à utilização extensiva destas unidades em vários tipos de infra-estruturas de transmissão. O desenvolvimento crescente de redes de transmissão de alta capacidade, concebidas para transmitir sinais eléctricos a longas distâncias, contribuirá para o aumento da procura do produto. Os fabricantes do sector estão a concentrar-se em melhorar as caraterísticas técnicas e físicas dos isoladores eléctricos de alta tensão como medida estratégica fundamental para se manterem competitivos. Prevê-se que a evolução da tecnologia dos isoladores desempenhe um papel vital no crescimento e na competitividade da indústria dos isoladores eléctricos de alta tensão.

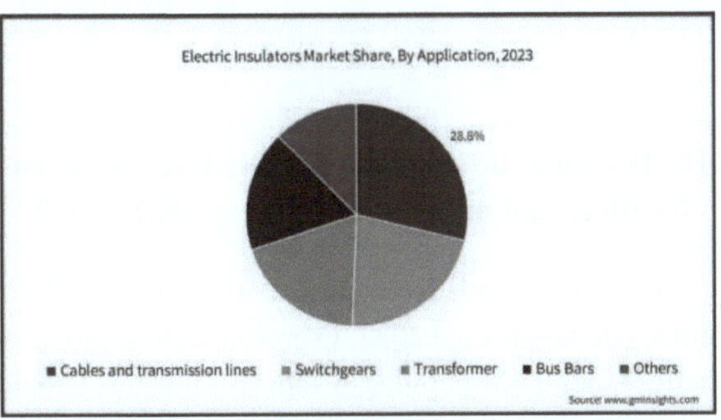

Figura (1.9) Participação no mercado de isoladores elétricos, por aplicação, 2023 O segmento de cabos e linhas de transmissão valia mais de US $ 1,6 bilhão em 2023, devido ao seu importante papel em garantir a operação confiável dessas linhas e atender à crescente demanda de eletricidade. Em comparação com os isoladores tradicionais de porcelana ou cerâmica, essas unidades oferecem propriedades de isolamento superiores combinadas com suas excelentes capacidades de isolamento elétrico, evitando efetivamente a corrente de fuga e melhorando o desempenho geral das linhas de transmissão, influenciando positivamente a implantação do produto.

Prevê-se que a aplicação de transformadores registe um crescimento significativo, impulsionado pelas iniciativas governamentais para atingir os objectivos nacionais em matéria de energias renováveis e a substituição das redes eléctricas convencionais. Os serviços públicos estão a dar prioridade a actualizações e expansões de redes inteligentes para acomodar a crescente quota de fontes de energia renováveis. Políticas favoráveis como incentivos, esquemas de alavancagem, tarifas de alimentação e subsídios estão a ser implementadas para encorajar a implantação de fontes de energia limpa, o que contribuirá ainda mais para o crescimento da indústria.

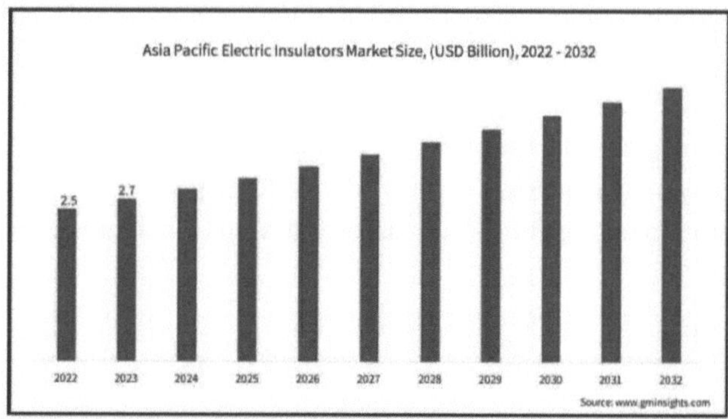

Figura (1.10) Tamanho do mercado de isoladores eléctricos da Ásia-Pacífico, (mil milhões de dólares), 2022 - 2032

Prevê-se que o mercado de isoladores eléctricos da Ásia-Pacífico atinja mais de 4,6 mil milhões de dólares até 2032. O crescimento regional é atribuído a vários parâmetros, incluindo população rápida, aumento da capacidade de produção de energia, aumento da procura de eletricidade eficiente e fiável nos países emergentes, entre outros.

Capítulo 2: Tipos de isoladores eléctricos

2.1 Introdução

Os isoladores são os elementos do sistema de transmissão que fornecem o isolamento necessário entre os condutores de linha e os suportes e, por conseguinte, impedem qualquer fuga de corrente dos condutores para a terra. Os condutores de linha nas linhas de transmissão aéreas devem ser suportados nos postes ou torres de modo a que a corrente dos condutores não flua para a terra através dos suportes, o que significa que os condutores de linha devem ser devidamente isolados dos suportes. Isto é conseguido através da utilização de isoladores entre o suporte da linha e os condutores.

2.2 Tipos de isoladores eléctricos

As torres de transmissão devem estar equipadas com isoladores eléctricos adequados; nos pontos de instalação das linhas de transmissão, para evitar a fuga de energia eléctrica das linhas de alta tensão para o solo. Os requisitos para o isolamento elétrico:

> ➤ Resistência mecânica para suportar as tensões previstas.
> ➤ Qualidade do isolamento nas piores condições ambientais.
> ➤ Completamente livre de impurezas e poros.
> ➤ Resistente à perfuração interna e à combustão instantânea.

Figura (2.1) Linhas de transmissão aéreas.

O isolamento tem duas funções básicas:

> ➤ Função eléctrica: proporciona um isolamento elétrico total entre os condutores eléctricos e as torres.
> ➤ Função mecânica: pendurar as linhas eléctricas, suportar forças

mecânicas e em todas as condições meteorológicas previstas[10].

Neste capítulo, discutiremos brevemente todos os tipos de isoladores, suas vantagens, desvantagens e aplicações.

2.2.1 Isoladores de porcelana

A porcelana ou porcelanato é o material mais utilizado atualmente para os isoladores superiores. A porcelana é um silicato de alumínio. O silicato de alumínio é misturado com caulino plástico, feldspato e quartzo para obter um isolador final sólido e polido. A superfície do isolador deve ser suficientemente polida para que a água não se acumule nela, e a porcelana deve também estar isenta de porosidade, porque a porosidade é a principal causa da deterioração da propriedade dieléctrica.

Propriedades do isolador de porcelana: Resistência dieléctrica (60 kV/cm2, resistência à compressão (70.000 Kg/cm2), resistência à tração (500 Kg/cm2).

Porcelana feita de argila da china (argila da china) contida na natureza sob a forma de silicato de alumínio. O material é misturado com caulino, feldspato e quartzo. Em seguida, a mistura é aquecida num forno onde a temperatura é ajustável. O material de porcelana é queimado até ficar duro, liso, brilhante e sem buracos.

Os bons isoladores mecânicos de porcelana têm uma resistência dieléctrica de aproximadamente 60 kV/cm, uma resistência à compressão e uma resistência à tração de 70 000 kg/cm2 e 500 kg/cm2, respetivamente. Algumas das vantagens dos isoladores de porcelana/cerâmica incluem: estabilidade, boa resistência mecânica, preço relativamente baixo e durabilidade. Para além das vantagens acima referidas, os isoladores de porcelana têm várias desvantagens, nomeadamente Fácil de quebrar, pesados, perfurados devido ao fabrico menos perfeito, geometria complexa e facilmente poluídos [11].

2.2.1.1 Vantagens dos isoladores de porcelana

1. Amigo do ambiente. Na sua eliminação, o isolador de porcelana não é um resíduo perigoso (é fabricado a partir de materiais naturais por

simples mistura e cura; pode ser armazenado em lixeiras com outros resíduos. Pode servir de material reciclado para o fabrico de produtos cerâmicos e similares).

2. Em comparação com o polímero, a resistência eléctrica da porcelana é mais elevada: 25+ kV/mm contra 20 kV/mm do polímero (o isolante de porcelana no estado seco como material de isolamento elétrico tem melhores propriedades eléctricas do que o polímero, os ensaios eléctricos de tipo mostram melhores resultados, proporcionando uma vida útil mais longa em termos de cargas geradas por cargas eléctricas e outros fenómenos eléctricos temporários).

3. O isolador de porcelana tem uma resistência comprovadamente mais elevada à degradação da superfície, não se degrada nem carboniza durante as cargas; o trajeto condutor é criado muito lentamente em comparação com a superfície de um isolador de material compósito (elevada resistência térmica e força, a cerâmica é resistente a temperaturas até 1000°C: a superfície é resistente a qualquer tipo de degradação dentro da gama de temperaturas. A superfície é estável contra os efeitos da radiação UV).

4. O material cerâmico é resistente a roedores, térmitas, aves e outros animais capazes de comprometer a integridade dos polímeros (a superfície do isolante é muito vidrada e dura, o que torna o produto desfavorável aos gostos da fauna).

5. O isolador cerâmico tem um vasto campo de aplicação: Contactores, seccionadores, transformadores de equipamentos, condensadores, ilhós também com superfície extrema, isoladores atípicos (filtros) (As caraterísticas de elevada plasticidade durante a produção, as possibilidades de retificação de precisão e de cimentação e colagem bastante fáceis, com excelentes propriedades mecânicas, permitem a criação de uma multiplicidade de formas e a sua utilização em qualquer tipo de aplicação).

6. O isolador cerâmico é adequado para mudanças extremas de calor/frio no ambiente. É adequado para ambientes com poeira, sal e humidade elevada, ou para a combinação de todos os anteriores (A superfície altamente vidrada confere ao produto melhores propriedades de auto-limpeza em áreas de elevada poluição. O produto apresenta resultados

estáveis em cargas e curto-circuitos neste tipo de ambiente; é altamente resistente à corrosão em ambientes ácidos e cáusticos).

7. O isolador cerâmico não apresenta defeitos na interface cerâmica-metal (A combinação do isolador cerâmico com estruturas de ferro fundido ou de alumínio utilizando agentes de cimentação tradicionais é resistente aos fenómenos de transição durante a descarga ou a descarga em escova).

8. O material cerâmico oferece uma resistência mecânica sob pressão e uma dureza muito elevadas (o isolador cerâmico não se deforma a não ser que seja aplicada uma força externa). É possível garantir uma longa vida útil de comprimentos até 40 anos. Por isso, muitos utilizadores forneceram referências de funcionamento a longo prazo numa série de aplicações).

9. O design é modificado para se adaptar ao ambiente (o produto oferece muitas formas durante a produção; o envidraçamento utiliza uma vasta gama de cores com base nas necessidades do cliente, por exemplo, cinzento ou azul celeste).

10. O isolador cerâmico é mais agradável à vista (tem um design intemporal) [12].

2.2.1.2 Desvantagens dos isoladores de porcelana

1. Durante a instalação, a porcelana pode ter problemas para lidar com condições climatéricas extremas, raios e vandalismo. Os danos podem ser dispendiosos.

2. A porcelana não suporta o stress e parte-se facilmente se for demasiado apertada durante a fase de instalação.

3. Em comparação com o polímero, a porcelana tem uma baixa resistência ao fogo de artifício e às perfurações.

4. A porcelana é frágil, exige um manuseamento mais cuidadoso e é mais pesada do que os isoladores não cerâmicos.

5. Os materiais de porcelana são fortes em compressão, mas mais fracos em tensão.

2.2.1.3 Aplicações dos isoladores de porcelana

os isoladores de porcelana são amplamente utilizados em sistemas de transmissão e distribuição eléctrica, desde subestações a instalações petroquímicas, devido ao seu desempenho fiável em ambientes difíceis. são normalmente utilizados em indústrias como a de alta tensão, fundições, fábricas de refractários, aeroespacial, automóvel, marítima, médica e de transportes os isoladores de porcelana também podem ser utilizados em sistemas de cablagem eléctrica montados na parede, proporcionando isolamento e um design moderno, estão disponíveis em várias formas e tamanhos, desde longas correntes para linhas de alta tensão até pequenas bobinas para uso doméstico. Assim, os isoladores eléctricos de porcelana oferecem boas propriedades de isolamento, resistência mecânica e resistência à corrosão, tornando-os adequados para uma vasta gama de aplicações na transmissão de energia, distribuição e instalações eléctricas.

2.2.2 Isoladores de vidro

Isolador de vidro: Atualmente, os isoladores de vidro tornaram-se populares nos sistemas de transmissão e distribuição. O vidro de aço recozido é utilizado para fins de isolamento. O isolador de vidro tem uma série de vantagens em comparação com o isolador de porcelana tradicional. Baixa resistência térmica: Tem uma maior resistência à tração em comparação com a porcelana isolante, uma vez que é transparente por natureza, não é aquecido à luz do sol como a porcelana As impurezas e as bolhas de ar podem ser facilmente detectadas no interior do corpo do isolador devido à sua transparência. O vidro tem uma vida útil muito longa porque as propriedades mecânicas e eléctricas do vidro não são afectadas a longo prazo. O vidro é menos dispendioso do que a porcelana. Desvantagens do vidro isolante: A humidade pode condensar-se facilmente na superfície do vidro, pelo que a poeira do ar será depositada na superfície do vidro, o que proporcionará um caminho para a fuga de corrente eléctrica na sala descongelada para o vidro de alta tensão, as formas irregulares não podem ser moldadas devido ao stress interno do arrefecimento irregular.

Propriedades isolantes do vidro: Resistência dieléctrica (140 kV/cm, resistência à compressão (10.000 Kg/cm2), resistência à tração (35.000 Kg/cm2).

Os desenhos abaixo indicam as várias partes de um isolador, juntamente com os termos que a maioria dos coleccionadores utiliza para as descrever. Isto é útil para explicar a localização de um relevo ou uma caraterística física específica do isolador.

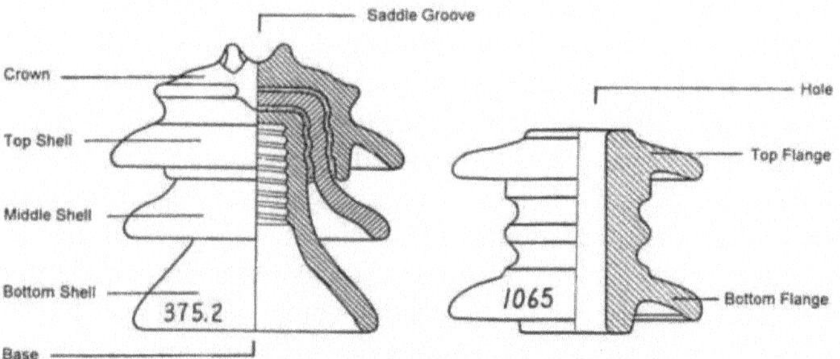

Figura (2.2): isoladores de vidro[13]

2.2.2.1 Vantagens dos isoladores de vidro

1. Os isoladores de vidro têm maior resistência à rutura do que os cerâmicos e a sua resistência mecânica à compressão é 1,5 vezes superior à dos cerâmicos.
2. A resistência eléctrica é muito mais elevada do que a dos isoladores cerâmicos (entre 500 kV/cm e 1000 kV/cm).
3. O coeficiente de expansão térmica dos isoladores de vidro é pequeno, e a sua deformação relativa é muito baixa devido à variação de temperatura. Além disso, os isoladores de vidro, antes de racharem, são completamente esmagados, pelo que é fácil detetar isoladores defeituosos no chão. Ao contrário dos isoladores de cerâmica, qualquer fenda ou buraco criado durante o processo de fabrico é detetável nos isoladores de vidro.
4. Devido à transparência, alguns raios solares passam do isolante de vidro, diminuindo assim a degradação do isolante.

Figura (2.3) : Aspeto exterior dos isoladores de vidro.

2.2.2.2 Desvantagens dos isoladores de vidro

1. A durabilidade mecânica dos isoladores de vidro contra forças de flexão é ligeiramente inferior à da cerâmica.
2. Com um forte impacto, todos os isoladores se partem.
3. Qualquer impureza na composição ou qualquer variação de temperatura do ambiente durante o armazenamento ou o funcionamento conduz à rutura do isolante.
4. Os isoladores de vidro absorvem mais facilmente as contaminações do que os outros tipos de isoladores.
5. A humidade é facilmente destilada na superfície dos isoladores de vidro [14].

2.2.2.3 Aplicação de isoladores de vidro

1. Utilizado em linhas aéreas de transmissão de energia e aplicações de telecomunicações.
2. Proporcionam uma elevada resistência mecânica e boas propriedades dieléctricas.
3. Exemplos comuns são o vidro temperado e o vidro resistente.

2.2.3 Isoladores eléctricos de plástico e borracha

Os cabos com isolamento de plástico são cabos eléctricos que possuem um revestimento isolante feito de materiais plásticos. Este tipo de isolamento é amplamente utilizado em várias aplicações devido à sua durabilidade, resistência ao calor e aos produtos químicos e à sua capacidade de resistir à humidade. O plástico utilizado nestes cabos pode ser de diferentes tipos, como cabos de PVC (policloreto de vinilo) ou cabos de XLPE (polietileno reticulado).

Figura (2.4): Fio com isolamento de plástico.

Os cabos com isolamento de borracha, por outro lado, têm um revestimento isolante feito de materiais de borracha. A borracha utilizada nestes cabos é geralmente do tipo elastómero, o que lhe confere flexibilidade e resistência a temperaturas extremas. O isolamento de borracha é conhecido pela sua capacidade de resistir a condições ambientais adversas e pela sua resistência ao envelhecimento e à abrasão.

2.2.3.1 Vantagens dos isoladores eléctricos de plástico

Os isoladores eléctricos de plástico ganharam um reconhecimento e uma adoção generalizados em várias indústrias devido às muitas vantagens atraentes em relação aos materiais tradicionais como a cerâmica e o vidro. As principais vantagens incluem [15].

1- Custo mais baixo: Solução rentável

Os isoladores eléctricos de plástico oferecem uma vantagem significativa em termos de custos. A produção de isoladores de plástico é geralmente mais económica do que a dos seus equivalentes em cerâmica ou vidro. Esta acessibilidade de preços estende-se não só ao processo de fabrico, mas também ao transporte e à instalação. Como resultado, as indústrias podem conseguir poupanças substanciais nos seus projectos e operações, optando por isoladores de plástico.

2- Leve: Fácil manuseamento e instalação

Uma das caraterísticas mais marcantes dos isoladores de plástico é a sua leveza. Em comparação com os isoladores de cerâmica ou de vidro, os isoladores de plástico são mais fáceis de manusear e instalar. Esta caraterística simplifica o processo de instalação, reduz a necessidade de equipamento pesado e minimiza o risco de acidentes durante o manuseamento. Em aplicações em que a manobrabilidade e a facilidade de instalação são críticas, tais como telecomunicações e serviços de utilidade pública, os isoladores de plástico oferecem uma vantagem prática.

3. Resistência à corrosão: Longevidade em ambientes agressivos

Os plásticos são inerentemente resistentes à corrosão, o que faz dos isoladores eléctricos de plástico uma excelente escolha para o exterior e para condições ambientais adversas. Ao contrário dos materiais tradicionais que se podem degradar ao longo do tempo quando expostos à humidade, radiação ultravioleta (UV) ou poluentes químicos, os isoladores de plástico mantêm a sua integridade e desempenho. Esta resistência à corrosão prolonga significativamente a vida útil dos isoladores de plástico, reduzindo os custos de manutenção e substituição.

4. Durabilidade: Desempenho de longa duração

Os isoladores de plástico são conhecidos pela sua durabilidade. Podem suportar temperaturas extremas, vibrações e tensões mecânicas sem comprometer as suas propriedades de isolamento. Esta resistência assegura um desempenho duradouro e fiável, reduzindo o tempo de inatividade e a necessidade de substituições frequentes. Nas indústrias em que o funcionamento contínuo é fundamental, como a distribuição de energia e as redes de telecomunicações, os isoladores de plástico são excelentes para fornecer um serviço fiável.

5. Propriedades de isolamento: Isolamento elétrico eficaz

Os plásticos, quando concebidos para isolamento elétrico, apresentam excelentes propriedades dieléctricas. Resistem eficazmente ao fluxo de corrente eléctrica, evitando fugas eléctricas e mantendo a integridade do circuito elétrico. Os isoladores de plástico oferecem uma elevada resistência dieléctrica e uma baixa condutividade eléctrica, assegurando que a eletricidade flui para onde deve fluir, evitando curtos-circuitos ou descargas.

Os isoladores eléctricos de plástico oferecem uma vantagem multifacetada que engloba a rentabilidade, a facilidade de manuseamento, a resistência à corrosão, a durabilidade e propriedades superiores de isolamento elétrico. Estas vantagens fazem dos isoladores de plástico uma escolha convincente para uma vasta gama de aplicações nas diversas indústrias actuais.

2.2.3.2 Vantagens dos isoladores de borracha

1- Os cabos com isolamento de borracha têm as seguintes vantagens
2- Flexibilidade e capacidade de dobragem
3- Resistência a temperaturas extremas
4- Resistência à humidade e à abrasão
5- Boa resistência ao envelhecimento

2.2.3.3 Desvantagens dos isoladores de plástico

Algumas das desvantagens dos cabos com isolamento de plástico são

1- Sensibilidade aos raios UV, que pode levar à degradação do isolamento
2- Maior rigidez em comparação com os cabos de borracha
3- Menor resistência a temperaturas extremas em comparação com alguns tipos de cabos de borracha.

2.2.3.4 Desvantagens dos cabos com isolamento de borracha

As desvantagens dos cabos com isolamento de borracha incluem

1- Custo mais elevado em comparação com os cabos de plástico
2- Maior inflamabilidade em comparação com alguns materiais de isolamento de plástico
3- Menor capacidade de adaptação do que os cabos com isolamento de plástico

2.2.3.5 Aplicações Isoladores eléctricos de plástico

Os isoladores eléctricos de plástico ganharam proeminência num espetro de indústrias, demonstrando a sua versatilidade e fiabilidade em várias aplicações.

1. Telecomunicações

No mundo acelerado das telecomunicações, onde a integridade e a fiabilidade do sinal são fundamentais, os isoladores eléctricos de plástico são amplamente utilizados. São utilizados em redes de fibra ótica para proteger e isolar os cabos de fibra ótica, garantindo uma perda de sinal e interferência mínimas. Além disso, são utilizados em sistemas de antenas para suportar e isolar antenas e linhas de transmissão, garantindo uma transmissão de sinal eficiente. Por último, são utilizados em torres de telemóveis e infra-estruturas de comunicação para proporcionar isolamento elétrico, sendo ao mesmo tempo leves para facilitar a instalação.

2. Distribuição de energia

A distribuição eficiente de energia é vital para a sociedade moderna e os isoladores eléctricos de plástico desempenham um papel fundamental, uma vez que são normalmente utilizados para suportar e isolar linhas eléctricas aéreas, reduzindo os custos de manutenção devido à sua resistência à corrosão, e para isolar transformadores e componentes em subestações, garantindo uma distribuição de eletricidade segura e fiável. Além disso, os isoladores de plástico oferecem durabilidade em aplicações de topo de poste, mesmo em condições climatéricas adversas.

3. Eletrónica

A indústria eletrónica depende de um isolamento elétrico preciso para garantir a integridade dos componentes electrónicos, tais como placas de circuitos impressos, eletrónica de consumo e eletrónica industrial. Os isoladores de plástico proporcionam isolamento elétrico entre traços condutores e componentes, contribuem para a miniaturização, redução do peso e gestão térmica melhorada, e são utilizados em painéis de controlo, sensores e fontes de alimentação para garantir um funcionamento seguro e fiável.

4. Indústria automóvel

No sector automóvel, onde os sistemas eléctricos são parte integrante dos veículos modernos, os isoladores de plástico são cada vez mais preferidos para proteger e isolar os feixes de cabos. Assim, reduzem o risco de falhas eléctricas, garantem a segurança e a eficiência dos veículos eléctricos e híbridos, evitam interferências eléctricas e mantêm o desempenho.

Estas aplicações sublinham a adaptabilidade e a eficácia dos isoladores eléctricos de plástico em diversas indústrias. A sua natureza leve, resistência à corrosão e propriedades superiores de isolamento elétrico fazem deles uma escolha atraente para aplicações que exigem fiabilidade e eficiência em sistemas eléctricos. À medida que a tecnologia continua a avançar, os isoladores de plástico irão provavelmente encontrar uma utilização ainda mais alargada em indústrias emergentes e aplicações inovadoras.

Embora os materiais tradicionais como o vidro e a cerâmica tenham servido bem a indústria eléctrica durante muitas décadas, o aparecimento do plástico como material isolante abriu novas portas para um melhor desempenho, rentabilidade e versatilidade.

2.2.3.6. Aplicações de isoladores eléctricos de borracha .

Os cabos com isolamento de borracha são especialmente adequados para aplicações que exigem flexibilidade e resistência a temperaturas extremas. Algumas das utilizações comuns dos cabos com isolamento de borracha incluem:

Figura (2.5) : Cabos de borracha da corrente de arrasto.

1. **indústria marítima:** Devido à sua resistência à humidade e à abrasão, os cabos com isolamento de borracha são utilizados em aplicações marítimas, como a navegação e a produção de energia em barcos.
2. **Indústria mineira:** Os cabos com isolamento de borracha são ideais

para utilização em ambientes mineiros, onde enfrentam condições extremas e produtos químicos agressivos.

3. **petróleo e gás:** Os cabos com isolamento de borracha são utilizados em plataformas petrolíferas e em operações de extração e refinação de petróleo e gás.

4. **equipas móveis:** Os cabos com isolamento de borracha são comuns em aplicações que envolvem equipamento móvel, como gruas, equipamento de construção e maquinaria pesada [16].

2.2.4 Isoladores de tensão

Um isolador de tensão é um isolador elétrico concebido para funcionar em tensão mecânica (deformação), para suportar a tração de um fio ou cabo elétrico suspenso. São utilizados em cabos eléctricos aéreos, para suportar antenas de rádio e linhas eléctricas aéreas. Um isolador de tração pode ser inserido entre dois comprimentos de fio para os isolar eletricamente um do outro, mantendo uma ligação mecânica, ou onde um fio se liga a um poste ou torre, para transmitir a tração do fio ao suporte, isolando-o eletricamente. Os isoladores de tensão foram utilizados pela primeira vez em sistemas telegráficos em meados do século XIX.

Figura (2.6) : Isoladores de tensão em linhas eléctricas de alta tensão.

Um isolador de tensão típico é uma peça de vidro, porcelana ou fibra de vidro que é moldada para acomodar dois cabos ou uma sapata de cabo e o hardware de suporte na estrutura de suporte (olhal de gancho ou olhal num poste/torre de aço). A forma do isolador maximiza a distância entre os cabos, maximizando também a capacidade de transferência de carga do isolador.

Na prática, para antenas de rádio, fios, linhas eléctricas aéreas e a maioria das outras cargas, o isolador de tensão está normalmente em tensão física.

Quando a tensão da linha requer mais isolamento do que um único isolador pode fornecer, os isoladores de tensão são utilizados em série: Um conjunto de isoladores é ligado entre si utilizando hardware especial. A série pode suportar a mesma tensão que um único isolador, mas a série proporciona um isolamento efetivo muito maior.

Se uma corda for insuficiente para a tensão, uma placa de aço pesada agrupa mecanicamente várias cordas isolantes. Uma placa está na extremidade "quente" e outra está localizada na estrutura de suporte. Esta configuração é quase universalmente utilizada em vãos longos, como quando uma linha eléctrica atravessa um rio, um desfiladeiro, um lago ou outro terreno que exija um vão mais longo do que o nominal.

Os isoladores de tensão são normalmente utilizados no exterior em cabos aéreos. Neste ambiente, estão expostos à chuva e, em ambientes urbanos, à poluição. Em termos práticos, a forma do isolador torna-se extremamente importante, uma vez que um caminho molhado de um cabo para o outro pode criar um caminho elétrico de baixa resistência.

Os isoladores de deformação destinados à montagem horizontal (frequentemente designados por "extremidades mortas") incorporam, por conseguinte, flanges para escoar a água, e os isoladores de deformação destinados à montagem vertical (designados por "isoladores de suspensão") têm frequentemente a forma de sino [17].

2.2.4.1 Vantagens dos isoladores de tensão:

1. **Isolamento elétrico:** O principal objetivo dos isoladores de tensão é fornecer isolamento elétrico entre as linhas eléctricas aéreas e as estruturas de suporte, tais como postes ou torres. Isto evita fugas eléctricas, curto-circuitos e potenciais perigos.
2. **Suporte mecânico:** Os isoladores de tensão são concebidos para suportar as forças mecânicas geradas pelo peso das linhas eléctricas aéreas e por factores ambientais como o vento, o gelo e a neve. Ajudam a manter a integridade do sistema de linhas eléctricas.

3. **Flexibilidade:** Os isoladores de tensão são concebidos para serem flexíveis e permitirem algum movimento das linhas eléctricas. Esta flexibilidade é crucial para acomodar a expansão e contração das linhas eléctricas devido a alterações de temperatura sem causar tensões que possam levar a falhas.

4. **Durabilidade:** Estes isoladores são frequentemente fabricados com materiais duráveis, como porcelana, materiais compósitos ou vidro. Isto aumenta o seu tempo de vida e fiabilidade em várias condições ambientais.

2.2.4.2 Desvantagens dos isoladores de tensão

1. **Manutenção:** Os isoladores de tensão, como qualquer outro equipamento, requerem manutenção e inspeção regulares para garantir que permanecem em boas condições de funcionamento. Contaminantes como poeira, poluição e excrementos de aves podem acumular-se nos isoladores, reduzindo a sua eficácia e aumentando o risco de descarga eléctrica.

2. **Complexidade de instalação:** A instalação correta dos isoladores de tensão requer conhecimentos e equipamento especializados. Uma instalação incorrecta pode levar a uma redução da eficácia e a riscos de segurança.

3. **Custo:** Os isoladores de tensão de alta qualidade feitos de materiais duráveis podem ser caros de fabricar e instalar. Este custo pode ser um fator significativo na conceção ou manutenção de sistemas de distribuição eléctrica.

4. **Factores ambientais:** As condições climatéricas extremas, como a acumulação de gelo intenso ou tempestades fortes, podem pôr à prova os isoladores de tensão. Embora tenham sido concebidos para resistir a essas condições, existe sempre a possibilidade de danos em circunstâncias extremas.

5. **Flexibilidade limitada:** Embora os isoladores de tensão sejam concebidos para proporcionar flexibilidade, existe ainda um limite para a quantidade de movimento que podem acomodar. Tensões e

movimentos extremamente elevados podem causar tensões e deformações nos isoladores e nas linhas eléctricas [18].

2.2.4.3 As aplicações dos isoladores de tensão

1- Isolador de tensão de baixa tensão do tipo "ovo", utilizado em cabos de sustentação de postes de serviços públicos para impedir que qualquer tensão no cabo de sustentação causada por uma avaria eléctrica no poste atinja as secções inferiores acessíveis ao público, como mostra a figura (- a)

2- Isoladores de tensão de alta tensão utilizados em linhas de 66 kV, 230 kV e 115 kV CA. O número de saias do isolador varia consoante a tensão e as condições atmosféricas, como mostra a figura (- b).

3- O isolador de tensão de vidro pirex utilizado para antenas de rádio é apresentado na figura (- c) .

4- linhas horizontais e isoladores de tensão apresentados na figura (- d).

5- As linhas inclinadas na barragem de Hoover são mostradas na figura (- e).

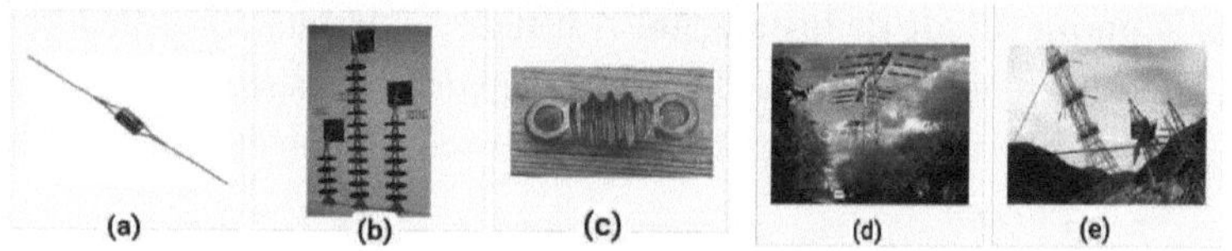

Figura (2.7): Aplicações dos isoladores de tensão.

2.2.5 Isoladores de pinos

Os isoladores de cavilha são os primeiros isoladores aéreos desenvolvidos, mas continuam a ser normalmente utilizados em redes eléctricas até ao sistema de 33 kV. O isolador de pinos pode ser do tipo uma peça, duas peças ou três peças, consoante a tensão de aplicação. Num sistema de 11 kV, utiliza-se geralmente um isolador de uma parte, em que todo o isolador de pino é uma peça de porcelana ou vidro com uma forma adequada.

Uma vez que o trajeto de fuga do isolador é feito através da sua superfície, é desejável aumentar o comprimento vertical da área da superfície do isolador para alongar o trajeto de fuga. Fornecemos um, dois ou mais guarda chuvas ou saiotes no corpo do isolador para obter um longo caminho de fuga.

Para além disso, os impermeáveis ou as anáguas de um isolador têm outro objetivo. Concebemos estes guarda chuvas ou saiotes de forma a que, durante a chuva, a superfície exterior do guarda chuva fique molhada, mas a superfície interior permaneça seca e não condutora. Assim, haverá descontinuidades no percurso de condução através da superfície húmida do isolador de pinos.

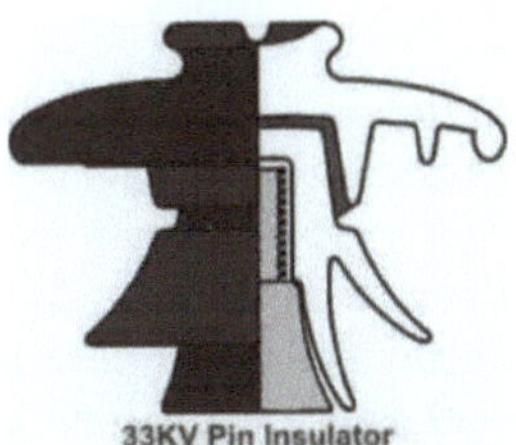

Figura (2.8) : Isoladores de pinos

Em sistemas de tensão mais elevada - como 33KV e 66KV - o fabrico de um isolador de pinos de porcelana de uma só peça torna-se mais difícil. Quanto maior for a tensão, mais espesso deve ser o isolador para proporcionar um isolamento suficiente. Não é prático fabricar um isolador de porcelana de peça única muito espesso. Neste caso, utilizamos isoladores de pinos de várias peças, em que alguns invólucros de porcelana devidamente concebidos são fixados entre si por cimento Portland para formar uma unidade isoladora completa. Geralmente, utilizamos isoladores de pinos de duas partes para sistemas de 33KV e isoladores de pinos de três partes para sistemas de 66KV.

2.2.5.1 Vantagens dos isoladores de pinos

1. Possui uma elevada resistência mecânica.

2. O isolador do tipo pino tem uma boa distância de fuga.

3. É utilizado na linha de distribuição de alta tensão.

4. A construção do isolador tipo pino é simples e requer menos manutenção.

5. Pode ser utilizado tanto na vertical como na horizontal [19].

2.2.5.2 Desvantagens dos isoladores de pinos

1. Deve ser utilizado com o fuso.

2. Só é utilizado na linha de distribuição.

3. A tensão nominal é limitada, ou seja, até 36kV.

4. O pino do isolador danificou a rosca do isolador.

2.2.5.3 Aplicação Isoladores de pinos

1. Os isoladores do tipo pino são utilizados para o transporte e distribuição de energia eléctrica com tensões até 33 kV.
2. É colocado no braço transversal da torre de suporte.
3. O isolador de pinos utiliza materiais não condutores como a porcelana, a cerâmica, a borracha de silicone, o polímero, etc.
4. O peso do material isolante do pino de polímero é maior em comparação com outros materiais isolantes.
5. O aumento do tamanho, do peso e do custo do isolador de pino limitou a sua utilização acima dos 33 kV.

2,2.6 Isoladores de suspensão

Isolador de suspensão Em tensões mais elevadas, para além de 33KV, torna-se antieconómico utilizar o isolador de pino porque o tamanho e o peso do isolador aumentam. O manuseamento e a substituição de isoladores unitários de maiores dimensões são tarefas bastante difíceis. Para ultrapassar estas dificuldades, foi desenvolvido um isolador de suspensão.

No isolador de suspensão, vários isoladores são ligados em série para formar uma cadeia e o condutor de linha é transportado pelo isolador mais inferior. Cada isolador de uma cadeia de suspensão é designado por isolador de disco devido à sua forma de disco.

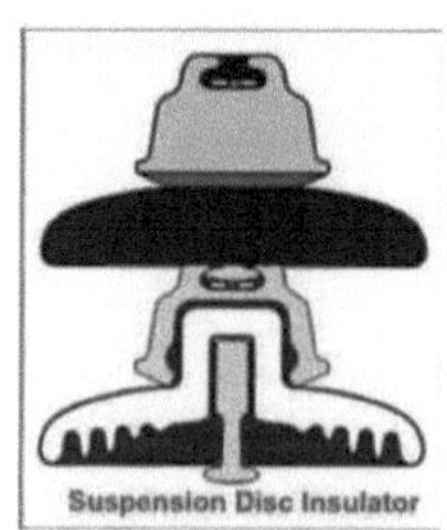

Figura (2.9): Isoladores de suspensão

2.2.6.1 Vantagens dos isoladores de suspensão

1. Cada disco de suspensão foi concebido para uma tensão normal de 11KV (tensão mais elevada de 15KV), pelo que, utilizando diferentes números de discos, é possível adaptar uma cadeia de suspensão a qualquer nível de tensão.
2. Se um dos isoladores de disco de uma corda de suspensão estiver danificado, pode ser substituído muito facilmente.
3. As tensões mecânicas no isolador de suspensão são menores, uma vez que a linha está pendurada num fio de suspensão flexível.
4. Uma vez que os condutores de corrente são suspensos da estrutura de suporte por um fio de suspensão, a altura da posição do condutor é sempre inferior à altura total da estrutura de suporte. Por conseguinte, os condutores podem estar protegidos contra os raios.

2.2.6.2 Desvantagens dos isoladores de suspensão

1. O fio do isolador de suspensão é mais caro do que o isolador do tipo cavilha e poste.
2. A corda de suspensão requer uma altura de estrutura de suporte superior à do isolador de cavilha ou poste para manter a mesma distância ao solo do condutor de corrente.
3. A amplitude da oscilação livre dos condutores é maior no sistema de isolamento em suspensão, pelo que deve ser previsto um maior espaçamento entre condutores [20].

2.2.6.3 Aplicações dos isoladores de suspensão

1. São principalmente utilizados em zonas onde é necessária alta tensão.
2. Geradores.
3. Transformers.
4. Motores eléctricos.
5. Linhas de caminho de ferro.
6. Postes eléctricos, etc.

2.2.7 Isolador de manilha

Um isolador utilizado em redes de distribuição que funcionam com baixa tensão é conhecido como isolador de manilha. Este isolador é também conhecido como isolador de carretel. Estes isoladores podem ser utilizados em duas posições, na horizontal ou na vertical. Atualmente, a utilização deste isolador diminuiu devido à utilização de cabos subterrâneos para fins de distribuição.

Figura (2.10): Isoladores de manilha

O orifício afunilado do isolador distribui a carga de forma mais consistente e também reduz a possibilidade de fratura quando está muito carregado. O isolador de manilha inclui um condutor dentro da ranhura e é fixado com um fio de ligação macio.

Os isoladores de manilha estão disponíveis em três tamanhos diferentes, nomeadamente (50 mm x 65 mm), (75 mm x 90 mm) e (100 mm x 115 mm). Em geral, os isoladores de 75 mm x 90 mm e 100 mm x 115 mm são aplicáveis nas linhas principais, enquanto o isolador de 50 mm x 65 mm é utilizado em casa para fornecer ligação de baixa tensão [21].

2.2.7.1 Vantagens dos isoladores de manilha

1. Estes são extremamente fiáveis para os condutores
2. Estes são concebidos para satisfazer as necessidades de eletricidade.
3. São utilizados tanto na posição vertical como na horizontal.
4. Os isoladores de porcelana suportam uma grande quantidade de corrente e temperatura
5. A melhor solução para manter a proteção em diferentes aparelhos eléctricos

2.2.7.2 Desvantagens dos isoladores de manilha

1. Estes são aplicáveis apenas às redes de distribuição de baixa tensão.

2.2.7.3 Aplicações dos isoladores de manilha

1- É utilizado num sistema de distribuição, sendo colocado entre a torre e os condutores para suportar e isolar.

2- Estes isoladores são utilizados em linhas aéreas de baixa e média tensão.

3- Este isolador é utilizado com um parafuso, colocado no poste do telégrafo, para evitar a saída de corrente dos condutores

4- Pode ser utilizado em ambas as posições, horizontal e vertical.

2.2.8 Isoladores de haste longa

Os isoladores de barra longa de porcelana são utilizados há mais de 60 anos. Os isoladores compostos de barra longa com bainha de borracha de silicone estão a tornar-se cada vez mais populares nos últimos 15 anos. O perfil dos isoladores influencia essencialmente o seu desempenho em termos de poluição. As possibilidades de moldagem dos cilindros longos de porcelana são bastante limitadas, pelo que a forma dos cilindros longos de porcelana é geralmente mais simples do que a dos isoladores de tampa e de pino. A tradição e as limitações da tecnologia de moldagem levaram a que a forma dos isoladores de polímero fosse semelhante à forma dos varões longos de porcelana. Durante os primeiros 40 anos de barras longas de porcelana, o número de galpões unidos para o mesmo comprimento axial de cerca de 105 cm aumentou gradualmente de 9 no final da década de 1930 para 27 na década de 1970. Este processo foi o efeito conjunto do aumento da tecnologia de moldagem da porcelana e do aumento da intensidade da contaminação. Durante os últimos 20 anos, na Europa, a emissão de poeiras industriais foi muitas vezes reduzida. Como resultado, os isoladores com distância de fuga específica curta podem ser aplicados não só em zonas rurais mas também perto de centros industriais [22].

2.2.8.1 Vantagens dos isoladores de haste longa

1. O isolador de haste longa tem muitas vantagens, como o facto de não se avariar, a boa auto-limpeza, a baixa quebra, etc.

2. Podem proporcionar um melhor desempenho de isolamento em condições de poluição.

3. Peso bastante baixo para um conjunto completo de isoladores e montagem simples de cordas.

2.2.8.2 Aplicações dos isoladores de barra longa

1. **Linhas de Extra Alta Tensão (EHV):** Os isoladores compósitos de haste longa são amplamente utilizados em linhas de transmissão de extra-alta tensão, onde o seu peso leve e a sua elevada resistência mecânica se revelam particularmente vantajosos.

2. **Linhas de transmissão HVDC:** As linhas de transmissão de corrente contínua de alta tensão (HVDC), conhecidas pela sua eficiência na transmissão de energia a longa distância, beneficiam das caraterísticas resistentes à poluição e duradouras dos isoladores compósitos.

3. **Áreas Costeiras e Industriais:** As regiões com elevados níveis de poluição, como as zonas costeiras ou industriais, beneficiam das propriedades resistentes à poluição dos isoladores compósitos, garantindo um desempenho consistente ao longo do tempo.

A aplicação de isoladores compósitos de barra longa em linhas de transmissão de energia de alta tensão representa um salto significativo na procura de fiabilidade, durabilidade e eficiência. À medida que a tecnologia continua a avançar, estes isoladores desempenharão um papel crucial na definição do futuro da transmissão de energia, fornecendo soluções sustentáveis para a crescente procura de eletricidade em todo o mundo.

2.2.9 Isoladores de disco

Tal como o nome sugere, a forma do isolador é semelhante a um disco, pelo que é designado por isolador de disco. Estes tipos de isoladores são utilizados em linhas de transmissão e distribuição de alta tensão. Os isoladores de disco são concebidos para satisfazer a resistência eletromecânica necessária.

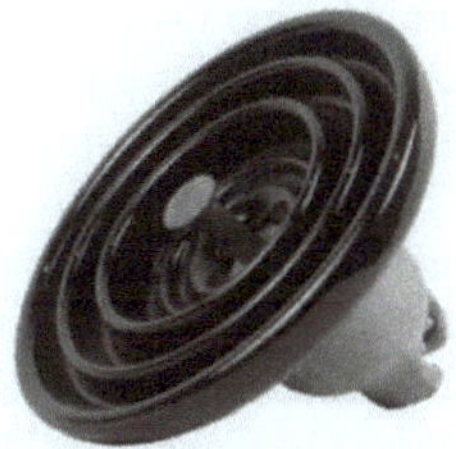

Figura (2.11): Isolador de disco.

Além disso, são uma solução económica para ambientes de média e baixa poluição. As aplicações destes isoladores incluem linhas de transmissão, industriais e comerciais, uma vez que possuem caraterísticas altamente eficientes, como baixa corrosão e design robusto.

Fornecem isolamento e suporte aos condutores de linha em sistemas de suspensão e tensão. Além disso, é capaz de manter altas tensões com cargas elevadas.

2.2.9.1 Vantagens dos isoladores de disco

1. Tem uma tensão nominal de 11KV, pelo que se pode fazer um fio de suspensão com um conjunto de discos.
2. Devido à linha de suspensão elástica, a pressão mecânica é baixa.
3. Se o disco ficar danificado, pode ser substituído muito facilmente.
4. Protege contra o ruído, a eletricidade, o calor e também suporta o condutor aéreo.

2.2.9.2 Desvantagens dos isoladores de disco

1. As cordas de isolamento são caras em comparação com outros tipos.
2. Requerem maior altura para suportar a torre e manter a permissão de terra do condutor.
3. Normalmente, requer um braço transversal com um comprimento superior.
4. A torre tem de ser mais forte para suportar o peso do isolador.

2.2.9.3 Aplicações dos isoladores de disco

Um isolador de disco encontra aplicações extensivas em sistemas de energia eléctrica, incluindo:

1. **Linhas de transmissão aéreas:** Os isoladores de disco são utilizados para suportar condutores e fornecer isolamento em linhas de transmissão aéreas, garantindo uma transferência de energia fiável a longas distâncias.
2. **Subestações:** Estes isoladores são utilizados em subestações para isolar barramentos, suportar equipamento e manter um isolamento elétrico adequado entre diferentes componentes.
3. **Linhas de distribuição:** Os isoladores de disco são utilizados nas linhas de distribuição para isolar e suportar as linhas eléctricas que fornecem eletricidade aos consumidores.
4. **Aplicações de alta tensão:** São também utilizados em aplicações de alta tensão, tais como centrais de produção de energia e instalações industriais, onde a manutenção do isolamento elétrico é crucial.

2.2.10 Isoladores de postes

É um isolador de alta tensão concebido para ser utilizado em subestações, uma vez que é adequado para diferentes níveis de tensão. São utilizados porque asseguram a distribuição segura e estável da eletricidade produzida nas centrais eléctricas.

Figura (2.12): Isolador de poste.

Os pós-isoladores são feitos de material cerâmico ou de uma única peça de material compósito (borracha de silicone) e são capazes de transportar energia até 1100KV. É colocado na posição vertical e é amplamente utilizado para proteger transformadores, comutadores e outros equipamentos de ligação devido às suas excelentes propriedades mecânicas.

2.2.10.1 Vantagens dos isoladores de poste

1. Estes têm uma boa resistência química e térmica.
2. Os pós-isoladores podem ser facilmente fabricados para cargas mecânicas especificadas com resistências de centenas de quilovolts.
3. É leve e tem um risco reduzido de danos.

2.2.10.2 Desvantagens dos pós-isoladores

1. Devido à leveza do isolador de postes, este exerce menos carga sobre a estrutura de suporte.
2. O custo inicial será barato, mas a longevidade do isolante é muito baixa.

2.2.10.3 Aplicações dos pós-isoladores

Estes isoladores são utilizados nas subestações porque são adequados para diferentes níveis de tensão. Estão dispostos na posição vertical e protegem os transformadores, os comutadores e outros dispositivos de ligação. A resistência mecânica destes isoladores é forte.

2.2.11 Isoladores de estanquidade

Trata-se de um tipo de isolador de baixa tensão concebido para contrabalançar e fixar postes sem saída, combinando um fio de suporte ou uma pega principal. Estes isoladores têm uma forma retangular e estão disponíveis em tamanhos mais pequenos do que os outros tipos.

Figura (2.13): Isolador de estanquidade.

Estes isoladores podem ser colocados entre o condutor da linha e a terra. Além disso, também actuam como dispositivos de proteção contra falhas súbitas ou mudanças bruscas de tensão. A importância destes isoladores é visível quando os postes caem no chão ou quando os fios de suporte são acidentalmente partidos devido a uma carga mecânica adicional.

2.2.11.1 Vantagens dos isoladores de estada

1. São principalmente úteis em configurações de cabos de sustentação para equilibrar a tração.
   2. Além disso, desempenham um papel importante na sustentação do isolamento entre os postes de transmissão.

2.2.11.2 Desvantagens dos isoladores de estanquidade

1. São utilizados apenas em linhas de transmissão de baixa tensão [23].

2.2.11.3 Aplicações dos isoladores de estanquidade

Os isoladores de estanquidade funcionam em vários cenários nos sistemas de energia eléctrica e noutras indústrias. Isto inclui aplicações que necessitam de suporte mecânico e isolamento elétrico. Ajudam a garantir a segurança, a estabilidade e a eficiência de várias estruturas e sistemas. Seguem-se as áreas de aplicação comuns dos isoladores de estanquidade.

Figura (2.14): Isoladores de estada em torres de transmissão

1. **Torres de transmissão:** os isoladores de estai ajudam a suportar e a isolar os cabos de sustentação fixados em postes de serviços públicos e torres de transmissão. Fornecem suporte para estabilizar a estrutura.
2. **Linhas aéreas de transmissão:** os isoladores são instalados nos pontos de fixação dos cabos de sustentação ao longo das linhas aéreas. Ajudam a manter a tensão e o alinhamento corretos dos condutores.

3. **Linhas de telecomunicações:** os isoladores trabalham na construção de torres e antenas de telecomunicações. O objetivo é suportar e isolar os cabos de sustentação utilizados para a estabilidade estrutural.
4. **Sistemas de eletrificação ferroviária:** também trabalham em sistemas de eletrificação ferroviária para suportar os fios da catenária aérea. Também fornecem isolamento elétrico entre os fios e as estruturas de suporte. Os fios de suporte também ajudam a manter a tensão e o alinhamento adequados dos fios da catenária para garantir operações ferroviárias fiáveis.
5. **Torres de turbinas eólicas:** os isoladores de estai funcionam na construção de torres de turbinas eólicas para isolar os cabos de sustentação. Ajudam a suportar as cargas e vibrações do vento, garantindo simultaneamente a segurança e fiabilidade eléctrica.

6. **Construção estrutural:** também são utilizados em projectos de construção estrutural em que os cabos de sustentação fornecem contraventamento estrutural. Fornecem suporte mecânico em pontes, torres e estruturas industriais.
7. **Torres de antenas e torres de radiodifusão:** os isoladores trabalham na construção de torres de antenas, mastros de radiodifusão e outras estruturas. Ajudam a evitar interferências com sinais de radiofrequência [24].

2.2.12 Isoladores poliméricos: Este tipo de isolador será explicado em pormenor no capítulo seguinte.

Capítulo 3: Isoladores de polímeros

3.1 Isoladores de polímeros

Os polímeros são maioritariamente utilizados como materiais de revestimento de isoladores compósitos. O invólucro envolve um núcleo compósito fibroso de elevada resistência mecânica. O invólucro de polímero deve proteger o núcleo de quaisquer danos resultantes da invasão de água e humidade ou de correntes de fuga e descargas. Este perfil deve controlar a corrente de fuga na sua superfície, fornecendo a distância necessária para a fluência, e minimizar a captura de contaminantes transportados pelo ar na sua superfície.

Os isoladores compósitos leves proporcionam uma elevada relação resistência/peso e são mais compactos, uma vez que podem proporcionar uma maior idade de fluência para um determinado comprimento axial, em comparação com os isoladores cerâmicos. Além disso, o invólucro não quebradiço protege a unidade de ataques de vandalismo. Têm também um diâmetro total mais pequeno que tende a reduzir a corrente de fuga e melhora o seu desempenho em ambientes poluídos.

Os polímeros constituídos por uma estrutura de silicone apresentam um desempenho superior em termos de contaminação, o que é atribuído às propriedades repelentes de água das suas superfícies. Ao contrário dos materiais cerâmicos, a energia livre da superfície destes materiais poliméricos é baixa e, consequentemente, não permitem que a água se deposite na superfície sob a forma de uma camada fina, mas obrigam-na a formar grânulos discretos separados. A natureza hidrofóbica destes polímeros constitui uma vantagem significativa em comparação com os dieléctricos cerâmicos.

Embora o custo de fabrico dos isoladores poliméricos tenha sido uma preocupação, argumenta-se agora que os isoladores compósitos para linhas de transmissão são economicamente competitivos em relação aos isoladores de porcelana e de vidro.

Infelizmente, todas as vantagens oferecidas pelos polímeros não são isentas de problemas. Enquanto os dieléctricos cerâmicos são materiais com fortes ligações intermoleculares, o mesmo não acontece com os polímeros, o que os torna vulneráveis a danos térmicos. A degradação dos isoladores poliméricos durante o serviço, designada por envelhecimento, tem um impacto negativo no seu desempenho e é causada pelas diferentes tensões sofridas durante o serviço [25].

O isolador é o dispositivo mais utilizado no sistema elétrico. Proporciona isolamento da terra, bem como de outras fases ou circuitos. Os isoladores são classificados em três tipos: Isoladores de Porcelana, Isoladores de Vidro e Isoladores Compostos. Os isoladores de polímero são cada vez mais utilizados em aplicações exteriores e têm propriedades superiores às dos isoladores de porcelana e de vidro. Apresentam várias vantagens em relação aos isoladores de porcelana. Funcionam bem em ambientes contaminados, têm uma excelente resistência mecânica, requerem pouca manutenção, são pequenos em peso e têm baixos custos de manutenção. A falha do isolamento elétrico é uma das principais causas de falhas de energia na maioria dos tipos de equipamento elétrico. Estão a ser realizadas muitas pesquisas para aumentar a vida útil e minimizar as falhas precoces dos sistemas eléctricos, melhorando os sistemas de isolamento elétrico em uso ou reduzindo o stress elétrico. Uma série de factores influencia a distribuição eléctrica, incluindo a geometria do isolador, a geometria do hardware de fixação, a magnitude da tensão da linha energizada e a presença de fases próximas [26].

Os isoladores poliméricos têm um bom desempenho em termos de poluição, uma elevada resistência mecânica e uma redução de peso de cerca de 90% em comparação com os seus homólogos de porcelana. No entanto, ao longo de um período de 15 anos, surgiram alguns problemas, tais como a formação de giz e de crazing nos sheds, o que levou a uma maior acumulação de contaminantes; falhas de ligação ao longo da interface haste-shed, o que levou a flashover; separação do hardware, o que levou a quedas de linha; divisão por corona dos sheds e dos dispositivos de controlo do gradiente de tensão do polímero, o que levou a falhas eléctricas e à penetração de água devido à lavagem com água quente da linha, o que também resultou em falhas eléctricas, forçou os fabricantes a conceberem novas e melhores gerações de isoladores não cerâmicos [27].

3.2 Desenvolvimento de isoladores poliméricos

Com o passar do tempo, foram apresentados diferentes modelos possíveis de acordo com a tecnologia

Realizado . As concepções iniciais apresentadas há cerca de 30 anos tinham uma haste revestida com borracha de silicone e uma cobertura que era montada separadamente. Estes projectos falharam devido ao deslizamento dos galpões da haste ou à abertura/dano da interface haste-galpão. Os modelos seguintes melhoraram esta situação, montando diretamente os galpões na haste e encapsulando-os depois com borracha de silicone. No entanto, estes projectos também falharam rapidamente. Com o avanço das técnicas de moldagem e fabrico nos últimos 15 anos, foram introduzidos novos modelos que têm uma haste coberta com borracha de silicone com proteção no seu próprio molde como uma unidade. Toda esta parte exterior é designada por bainha. Esta estrutura moderna provou ser um grande sucesso e é adoptada até hoje. A Fig. (3.1) mostra os modelos antigos e modernos.

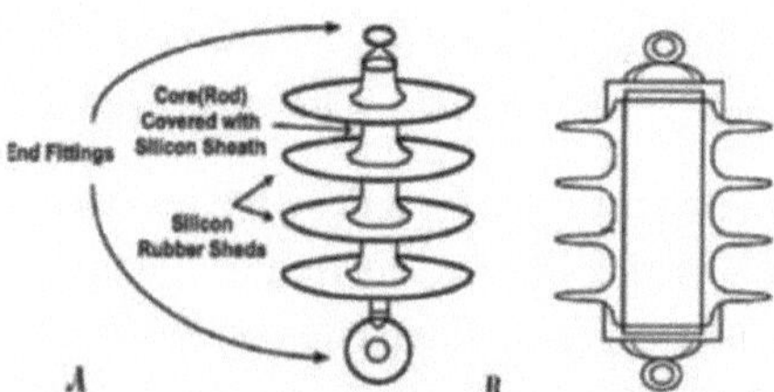

Figura (3.1): (A) Isolador polimérico antigo. (B) Isolador polimérico moderno[28].

3.3 Componentes básicos de isoladores poliméricos.

A construção básica de um isolador de polímero para aplicações em linhas aéreas é constituída por um núcleo, protecções contra as intempéries e acessórios metálicos nas extremidades, como se mostra na Fig. (3.2).

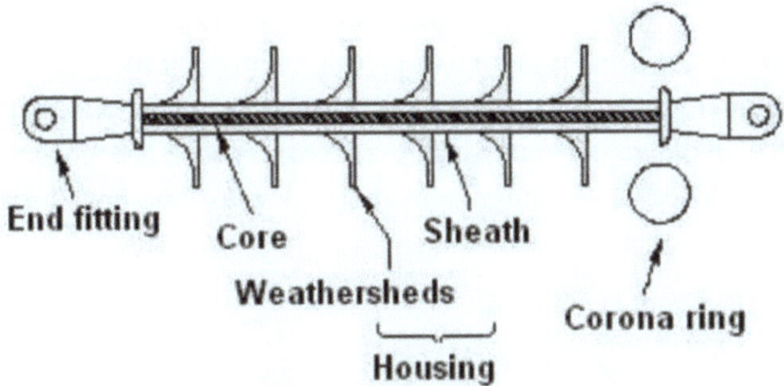

Figura (3.2): A construção básica de um isolador polimérico

3.3.1 Núcleo

O núcleo de um isolador não cerâmico tem a dupla função de ser a principal parte isolante e de ser o principal membro de suporte de carga, seja em suspensão, cantilever ou compressão. Para os isoladores de suspensão e de postes de linha, o núcleo consiste em resina reforçada com fibra de vidro, alinhada axialmente, contendo 70 a 75% em peso de fibra de vidro. O diâmetro da fibra varia de 5 a 20 µm. O sistema de resina pode ser de poliéster ou epóxi e a barra é formada pelo processo de pultrusão. Embora a resina epóxi seja considerada a melhor das duas, devido ao custo mais baixo, o núcleo utilizado atualmente é geralmente de resina de poliéster.

A vedação da extremidade é considerada o elemento mais importante do projeto de um isolador não cerâmico. As falhas no terreno ocorreram devido à fratura frágil da vareta de fibra de vidro em consequência da quebra do vedante da extremidade, permitindo assim que a vareta entre em contacto com poluentes atmosféricos e humidade. Também se observou, em isoladores não cerâmicos, o arrastamento da vareta de fibra de vidro que conduziu à falha.

Os vedantes de extremidade de isoladores não cerâmicos têm três tipos básicos: colados, de fricção e ligados. Os vedantes do tipo colado que são feitos com um material vedante não provaram ser permanentes, geralmente devido a uma fraca adesão. Os vedantes do tipo fricção, em que o núcleo com manga se encaixa na ferragem, são bastante eficazes, desde que as tolerâncias dimensionais sejam mantidas, e não causam quaisquer problemas, desde que não ocorra qualquer movimento do encaixe. As vedações de extremidade que são feitas moldando o material do núcleo com manga no encaixe da extremidade são de longe as melhores devido à melhor ligação física obtida durante a moldagem.

3.3.2 Galpões meteorológicos

Os invólucros feitos de vários materiais não cerâmicos para aplicações eléctricas são moldados e espaçados sobre a haste de várias maneiras para proteger a haste e proporcionar o máximo isolamento elétrico entre as extremidades de fixação. Estes incluem o politetrafluoroetileno (PTFE), ou seja, o teflon, as resinas epoxídicas, o polietileno (PE), os betões poliméricos, os elastómeros de etileno-propileno e os elastómeros de silicone. Cada material apresenta caraterísticas específicas.

No entanto, apenas os materiais elastoméricos demonstraram sucesso em aplicações de isolamento elétrico no exterior, com o elastómero de silicone a satisfazer todos os requisitos para um desempenho a longo prazo em praticamente todos os ambientes.

Os polímeros têm a capacidade de interagir com os poluentes e de reduzir a condutância da camada de poluição. Este facto é ilustrado na Fig. (3.3). A caraterística importante do isolador polimérico que controla a condutância deve-se à hidrofobicidade (ou repelência à água) da sua superfície. Numa superfície hidrofóbica, as gotas de água acumulam-se e não molham completamente a superfície. Este facto reduz a corrente de fuga e a probabilidade de formação de bandas secas, o que conduz a uma tensão de descarga mais elevada. Observou-se que a hidrofobicidade é mantida nos materiais de borracha de silicone mesmo após muitos anos de serviço, e é este atributo que é responsável pelo desempenho superior de contaminação da família de materiais de borracha de silicone quando comparado com outros polímeros. A recuperação da hidrofobicidade deve-se principalmente a

(i)   um processo de difusão, no qual as cadeias de polímeros de baixo peso molecular migram para a superfície, formando assim uma fina camada de fluido de silicone e

(ii)   (ii) reorientação dos grupos hidrofílicos superficiais para fora da superfície. Estes processos dependem da temperatura e uma temperatura mais elevada provoca a sua recuperação mais rápida.

Recentemente, foram introduzidas concepções híbridas de isoladores poliméricos. Neste caso, o núcleo é feito de cerâmica e os invólucros são feitos de borracha de silicone.

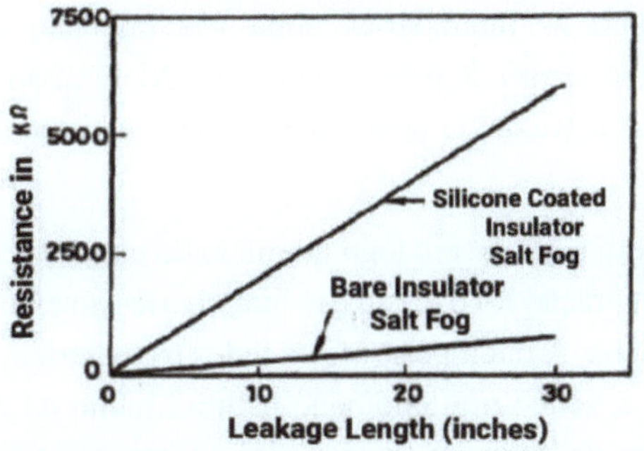

Fig. (3.3): Resistência de superfície de isoladores de porcelana nus e revestidos de silicone sob condições de nevoeiro salino.

Foi relatado que os materiais elastoméricos de etileno-propileno-dietileno (EPDM) e de silicone contendo um mínimo de 70% em peso de alumina hidratada, que são utilizados pela maioria dos fabricantes, são os preferidos para as coberturas de proteção contra as intempéries, tendo a borracha de silicone apresentado o melhor desempenho em relação a todos os outros tipos. As falhas de alguns isoladores poliméricos de primeira geração com proteção contra intempéries de resina epóxi foram atribuídas à despolimerização por hidrólise. A despolimerização refere-se à destruição da estrutura molecular do material polimérico. A hidrólise é o resultado de uma reação química que ocorre entre os iões da água e as extremidades livres da cadeia química do polímero, o que provoca a despolimerização.

Além disso, os isoladores fabricados com resinas epoxídicas contêm tensões mecânicas bloqueadas que se desenvolvem durante a cura da resina. Isto ocorre quando a mistura ou a cura da resina é irregular. Por vezes, as fissuras circunferenciais entre as placas desenvolvem-se durante o armazenamento do isolador devido às tensões bloqueadas. No entanto, mais frequentemente, as fissuras desenvolvem-se em serviço, uma vez que as tensões são agravadas pela baixa temperatura e pela tensão da linha. As fissuras estendem-se até ao núcleo, expondo assim o núcleo à humidade. Os elastómeros são os melhores materiais de proteção contra as intempéries, uma vez que não contêm tensões mecânicas bloqueadas do processo de cura. Além disso, os elastómeros são preferidos a baixas temperaturas, onde a resistência ao impacto é importante.

Outro problema que surgiu logo no início da experiência dos projectos de primeira geração foi o efeito das intempéries no exterior dos abrigos meteorológicos. A intempérie afecta todos os materiais poliméricos até certo ponto e, sendo um fenómeno natural, inclui os efeitos do calor, da humidade, da chuva, do vento, dos contaminantes da atmosfera e dos raios ultravioleta do sol. Nestas condições, os isoladores poliméricos podem sofrer alterações físicas permanentes, por aspereza e fissuração, e químicas, por perda de componentes solúveis e por reacções de sais, ácidos e outras impurezas depositadas na superfície. A superfície torna-se hidrofílica e a humidade pode penetrar mais facilmente no volume das camadas de proteção contra as intempéries.

3.3.4 Caixas

A caixa é exterior ao núcleo e protege-o das intempéries. Pode ser equipada com protecções contra as intempéries. Algumas concepções de isoladores compósitos utilizam uma bainha feita de material isolante entre os abrigos contra as intempéries e o núcleo. Esta bainha faz parte da caixa [29].

3.3.5 Acessórios de extremidade

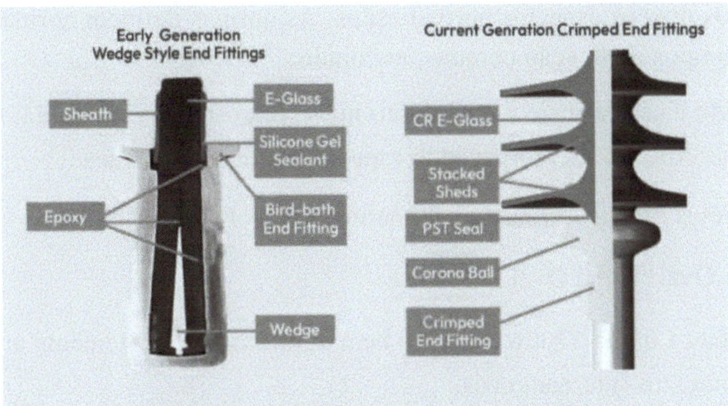

Fig. (3.4): Acessórios de extremidade.

Os acessórios finais são componentes metálicos de um isolador de polímero, ligando-o à infraestrutura circundante. O material e o design destes acessórios são selecionados com base na classificação da carga mecânica especificada (SML) do isolador. Para valores mais elevados de SML, o aço (fundido ou forjado) é normalmente utilizado devido à sua resistência superior, enquanto o ferro dúctil pode ser escolhido para valores mais baixos de SML. Para evitar danos causados pela exposição ambiental, como a corrosão e a ferrugem, tanto os acessórios de ferro como de aço recebem um revestimento protetor galvanizado.

Inicialmente, os isoladores eram produzidos utilizando um método em que os encaixes das extremidades eram ligados à haste do núcleo com epóxi. Estes primeiros modelos, designados por "estilo cunha", apresentavam extremidades com a forma de taças para segurar o epóxi à medida que este curava.

Apesar de alguns destes modelos mais antigos continuarem em funcionamento, os avanços na tecnologia mudaram a preferência para a Tecnologia de Compressão, resultando em acessórios de extremidade frisados. Esta técnica moderna permite um processo mais eficiente e fiável, produzindo terminais que são mais pequenos e mais leves sem comprometer a resistência.

Tenha em atenção que os acessórios finais variam significativamente entre os diferentes isoladores de polímero, sendo os seus tipos de ligação um dos poucos aspectos normalizados. As normas definem normalmente vários tipos de ligação comuns, incluindo:

➢ Soquete e esfera: Este é o conjunto mais rigorosamente definido, com as normas ANSI e IEC fornecendo especificações abrangentes.

➢ Y-Clevis / Bola: Utilizado habitualmente nos Estados Unidos.

➢ Olho Oval / Olho Oval

➢ Cavilha / Língua: Outro conjunto bem definido, frequentemente utilizado em contextos internacionais.

➢ Forquilha / Forquilha

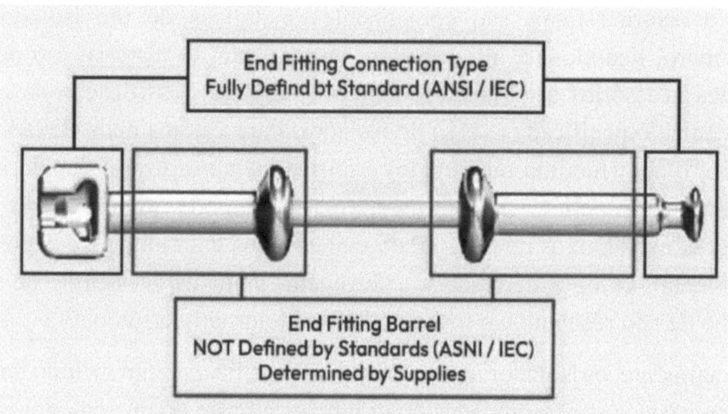

Fig. (3.5): Ligação dos acessórios finais.

Embora os designs destas extremidades de ligação sejam largamente padronizados, na Axis Electricals alguns aspectos, como as dimensões específicas de um barril de encaixe de extremidade, podem ser personalizados de acordo com os seus requisitos. Os padrões para esses tipos de conexão, particularmente para o soquete e a esfera, são detalhados e incluem "medidores Go & No-go" para medição precisa. Outros tipos, como o Clevis / Tongue e o Clevis / Clevis, embora também bem definidos, podem ser adaptados para a sua utilização internacional ou para satisfazer as suas especificações únicas, incluindo classificações SML não normalizadas[30].

3.4 Vantagens do isolamento polimérico

O principal impulso para uma maior aceitação dos isoladores poliméricos por parte das empresas de energia eléctrica, normalmente cautelosas, como já foi referido, é a sua vantagem substancial em comparação com os isoladores inorgânicos, que têm sido principalmente a porcelana e o vidro. Uma das suas principais vantagens é a sua baixa energia superficial, mantendo assim uma boa propriedade hidrofóbica da superfície na presença de condições de humidade, por exemplo, nevoeiro, orvalho e chuva. Outras vantagens incluem:

1. Leveza que resulta numa conceção mais económica das torres ou, em alternativa, permite aumentar a tensão dos sistemas existentes sem alterar as dimensões das torres. Um exemplo disto foi um caso na Alemanha, onde a tensão foi aumentada de 245 para 420 kV, e no Canadá, onde duas linhas de 115 kV, com 50 km de comprimento, foram aumentadas para 230 kV, utilizando isoladores horizontais de polímero nas mesmas torres. O peso reduzido das cadeias de isoladores compósitos permite também aumentar a distância entre o condutor e a terra e aumentar a distância fase-fase, a fim de reduzir os campos eléctricos e magnéticos, que constituem uma preocupação crescente para o público em geral. O peso reduzido dos isoladores compósitos também evita a necessidade de utilizar gruas pesadas para o seu manuseamento e instalação, o que permite reduzir os custos,

2. Uma relação resistência mecânica/peso mais elevada que permite a construção de torres com vãos mais longos,

3. Os isoladores de postes de linha são menos susceptíveis a danos graves provocados por actos de vandalismo, como tiros, que fazem com que os isoladores cerâmicos se estilhacem e deixem cair o condutor no chão,

4. Desempenho muito melhor do que os isoladores cerâmicos em serviço exterior na presença de poluição pesada, bem como em testes de curta duração.

5. Resistência à tensão comparável ou superior à dos isoladores de porcelana e de vidro.

6. Instalação fácil, poupando assim custos de mão de obra, e

7. A utilização de isoladores compósitos reduz os custos de manutenção, como a lavagem dos isoladores, que é frequentemente necessária para os isoladores de cerâmica e de vidro, em ambientes altamente contaminados.

3.5 Desvantagens do isolamento polimérico

As principais desvantagens dos isoladores poliméricos compósitos são

1. Estão sujeitos a alterações químicas na superfície devido à meteorização e ao arco de banda seca.
2. Sofrem de erosão e de rastreio, o que pode levar, em última análise, à falha do isolador.
3. A esperança de vida é difícil de avaliar, e
4. Os isoladores defeituosos são difíceis de detetar.

3.6 Avaliação de isolamentos poliméricos para aplicações de AT

Para determinar a aptidão dos isolamentos poliméricos para aplicações em aparelhos de alta tensão, podem ser utilizadas técnicas específicas que são discutidas nesta secção.

1. Descargas parciais

A DP foi estabelecida para avaliar diferentes materiais poliméricos para aplicação em aparelhos de AT, quer se trate de cabos, motores eléctricos, transformadores, etc. A DP é definida como uma descarga eléctrica localizada que atravessa parcialmente os condutores, o isolamento e pode estar próxima ou afastada de um condutor. Noutro contexto, a DP é considerada como uma rutura incompleta do sistema de isolamento de AT. A atividade de DP depende principalmente da intensidade do campo elétrico aplicado a uma área específica e da sua não uniformidade. Para intervalos curtos, a DP possui impulsos rápidos e lentos que geram pequenas faíscas ou arcos eléctricos ou descargas de pseudo-brilho, ou brilhos sem impulsos. Existem quatro tipos principais de DP: Corona, descargas superficiais, cavidades e árvores eléctricas Figura (3.6).

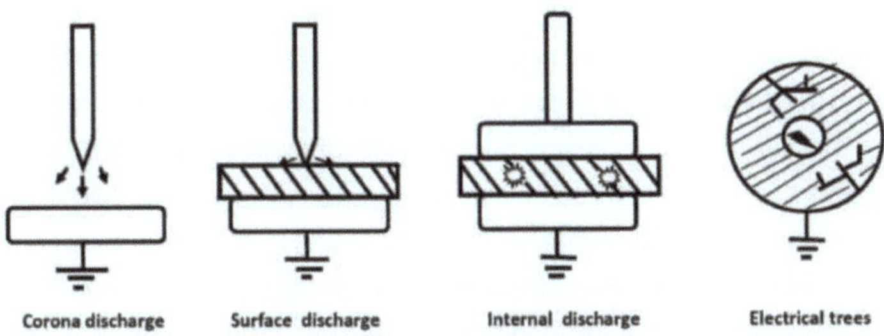

Figura (3.6): Tipos de Descarga Parcial.

A descarga interna é um fenómeno comum em espaços vazios dentro de dieléctricos sólidos ou líquidos. Estes vazios podem ser incorporados no material de isolamento durante o processo de fabrico do aparelho. Esta forma de descarga é extremamente importante e tem um efeito significativo no isolamento polimérico. Uma descarga superficial, por outro lado, ocorre no isolamento de alta tensão com um campo elétrico tangencial elevado. A descarga interna é um fenómeno comum nos espaços vazios dos dieléctricos sólidos ou líquidos. Estes vazios podem ser incorporados no material de isolamento durante o processo de fabrico do aparelho. Este tipo de descarga, por outro lado, é menos concentrado e perigoso do que a descarga interna. A descarga corona, por outro lado, ocorre no isolamento de ar e é geralmente inofensiva. O treeing é uma forma de descarga que é desencadeada por uma sequência de descargas internas. Desde o advento dos nanocompósitos poliméricos, foram realizados vários estudos sobre as propriedades de PD desses materiais. Por exemplo, foi relatado que apenas dois wt% de nanofiller A descarga interna é um fenómeno comum em vazios dentro de dieléctricos sólidos ou líquidos. Estes vazios podem ser incorporados no material de isolamento durante o processo de fabrico do aparelho. Esta forma de descarga é extremamente importante e tem um efeito significativo no isolamento polimérico. Uma descarga superficial, por outro lado, ocorre no isolamento de alta tensão com um campo elétrico tangencial elevado. A descarga interna é um fenómeno comum nos espaços vazios dos dieléctricos sólidos ou líquidos. Estes vazios podem ser incorporados no material de isolamento durante o processo de fabrico do aparelho.

Este tipo de descarga, por outro lado, é menos concentrado e perigoso do que a descarga interna. A descarga corona, por outro lado, ocorre no isolamento de ar e é geralmente inofensiva. O treeing é uma forma de descarga que é desencadeada por uma sequência de descargas internas. por exemplo, relataram que apenas dois wt% de nanofiller são necessários para aumentar a resistência à DP dos nanocompósitos de poliamida/silicato em camadas. Os autores concluíram que, ao incorporar uma quantidade limitada de nanocargas nas resinas epoxídicas, a tolerância à DP dos nanocompósitos poliméricos pode ser consideravelmente melhorada. Os autores estudaram os efeitos da dispersão de nanopartículas de sílica amorfa em epóxi e polietileno. Verificou-se que a nanossílica tem um impacto significativo na durabilidade da descarga parcial de termoendurecíveis (epóxi e polietileno reticulado). No entanto, não foi encontrado qualquer efeito nos termoplásticos (polietileno de baixa densidade e polietileno de média densidade).

2. Resistência do arco de alta corrente à ignição (HAI)

O teste de Ignição por Arco de Alta Amperagem (HAI) é um método que estuda e avalia a inflamabilidade do isolamento elétrico. Este método é descrito em pormenor na norma de segurança UL 764A. O ensaio HAI submete três amostras do isolamento elétrico estudado a arcos eléctricos, registando o número médio necessário para produzir ignição no mesmo, com um máximo de 200 (acima deste número considera-se que não há ignição do material). O ensaio gera os arcos eléctricos utilizando dois eléctrodos redondos em contacto com o isolamento elétrico estudado; estes eléctrodos têm 3,2 mm de diâmetro; a dificuldade está descrita na Figura (3.7). Um dos eléctrodos é fixo e feito de cobre, enquanto o outro é uma vareta móvel de aço inoxidável (ligas 303); através da separação destas varetas, é gerado um arco elétrico. Os eléctrodos são colocados num plano de 45° do provete de isolamento elétrico estudado, sendo a vareta fixa afiada a 30° com um cinzel e a vareta móvel a 60° com uma ponta cónica. O movimento da haste de aço inoxidável é feito através de um pistão de ar controlado por um relé elétrico.

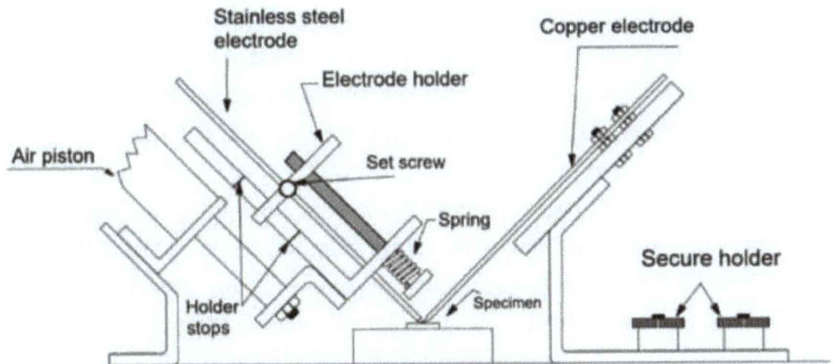

Figura (3.7): Posicionamento do elétrodo e mecanismo de funcionamento em HAI.

O método de ensaio proposto pela norma UL 764A começa por aplicar uma tensão de 240 V AC a uma frequência de 60 Hz. Uma impedância de núcleo de ar é ligada em série aos eléctrodos para produzir uma corrente de curto-circuito de

32.5 A, com um fator de potência de 0,5. A taxa de arcos eléctricos gerados é de 40 arcos/min e a separação dos eléctrodos é em média de 254 ± 2,54 mm/s. Não há necessidade de sincronizar a separação dos eléctrodos com um determinado valor da variação sinusoidal da corrente.

Foram estabelecidas várias questões para a replicabilidade deste ensaio, tais como a identificação da ignição no isolamento elétrico estudado e a colocação dos eléctrodos, que por não estarem descritos em pormenor, poderiam levar a diferentes tipos de arcos (intensidade aleatória ou flashes brancos). Para resolver este último problema, foi identificado que os eléctrodos deveriam voltar à sua posição original entre ciclos. O problema de identificação foi, no início, atenuado pela utilização de uma proteção de vidro escuro que permitia distinguir melhor a chama tipo vela, que indicava a origem da ignição no espécime estudado. No entanto, esta situação foi melhorada com a utilização de um atenuador de luz de cristais líquidos. O atenuador de luz de cristais líquidos permite uma melhor distinção de um arco de baixa ou alta energia, melhorando o ensaio ao fornecer ao operador a informação crucial sobre a continuidade do ensaio. A série contínua de arcos de energia suave indica que os eléctrodos devem ser movidos para uma área de teste diferente da amostra estudada. Adicionalmente, para melhorar a distinção entre um arco de alta e baixa energia, é aconselhável a utilização de um medidor de energia de arco digital. Este dispositivo regista a magnitude da corrente e da tensão em intervalos discretos para calcular a magnitude da energia do arco elétrico. Estas recomendações permitem uma assinatura mais descritiva entre diferentes materiais, tendo em conta a sua resistência à ignição.

O interesse inicial em efetuar um ensaio HAI em condições de corrente contínua teve origem na indústria automóvel, que alterou a tradicional alimentação da bateria de 12 V CC para uma alimentação de 36 V CC com uma unidade de carregamento de 42 V CC. Este facto deu origem a um interesse em determinar a resistência à ignição dos materiais poliméricos para automóveis. Inicialmente, foi proposto um circuito primário para estudar os plásticos reforçados com fibra de vidro (PRFV) para uma alimentação de corrente contínua, como mostra a figura (3.8). Este ensaio foi baseado no ensaio HAI descrito pela norma UL 764A. Este circuito utiliza uma fonte de corrente alternada de 200 V; os condensadores geram uma descarga de corrente contínua entre os eléctrodos A e B, cuja libertação dura entre 0,5 e 12,8 ms, em função dos valores de capacitância. A velocidade das descargas é de 20-40 arcos/minuto até que o arco incendeie a amostra. A utilização de uma câmara de alta velocidade (4800 fotogramas/s) permitiu gravar a duração de todo o processo, registando a descarga do arco, a ignição do arco e a duração da combustão. Foram realizados estudos semelhantes em polímeros comuns para a indústria automóvel.

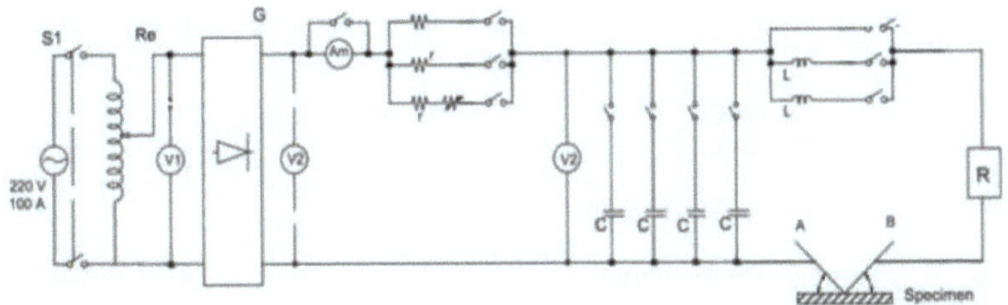

Figura (3.8): Esquema do circuito básico do aparelho de ensaio de ignição por arco de corrente contínua de alta intensidade formado por interrutor de alimentação (S1), regulador (Re), voltímetro de corrente alternada (V1), retificador (G), voltímetro de corrente contínua (V2), amperímetro de corrente contínua (Am), resistência de carga (r), condensador (C), resistência de descarga (R), elétrodo fixo (A), elétrodo móvel (B) e indutância para estabilização da corrente (L).

O interesse no método de ensaio DC aumentou nos últimos anos devido ao aumento das tecnologias renováveis, como a energia solar fotovoltaica e eólica, e à implementação de microrredes DC. Isto levou à proposta de um novo ensaio DC-HAI, baseado no ensaio HAI original descrito na norma UL 764A, com a inclusão de algumas melhorias, como um controlo automatizado através de um programa baseado em LabView. A configuração de ensaio proposta é mostrada na Figura (3.9), onde o elétrodo móvel tem três posições diferentes: início, estável e seguro. Para este ensaio, existem nove parâmetros de configuração:

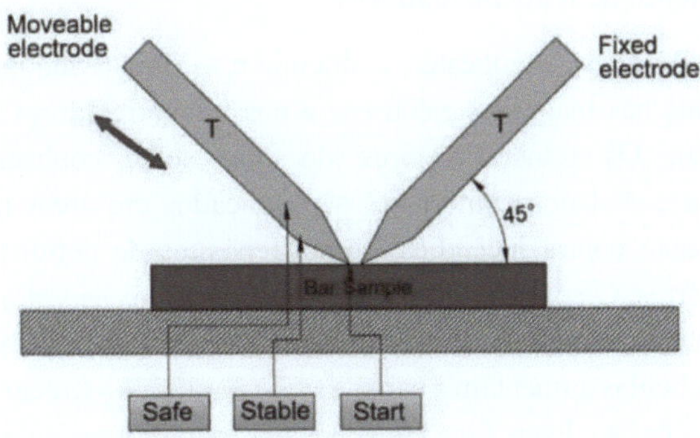

Figura (3.9): Resistência à ignição por arco de elevado ampere (DC-HAI).

- Corrente de saída

- Atraso do arco de arranque

- Atraso de posição estável

- Retardamento da posição de segurança

- Atraso do arco de paragem

- Atraso da posição inicial

- Posição inicial

- Posição estável

- Posição segura.

A posição de segurança é a distância mais considerável entre os eléctrodos, permitindo um melhor julgamento da ignição do espécime. Por outro lado, a posição estável tem como objetivo estabelecer a estabilidade do arco. O ensaio realizado pelo método proposto resultou num rácio de desvio padrão de 5% para um arco de corrente contínua que demorou 200 ms e de 8% para um arco com correntes de 10 A, o que se revelou consistente e repetível.

3.7 Tipos de isoladores feitos de materiais poliméricos de acordo com os locais de utilização

3.7.1 Isolamento de transformadores

As resinas epoxídicas, o poliéster, o silicone e as imidas são os polímeros mais utilizados nas máquinas eléctricas e nos transformadores a seco, ver Figura (3.10). Os transformadores do tipo seco, conhecidos como transformadores isolados com epóxi, são aplicados em áreas que exigem elevada proteção contra incêndios, como depósitos de petróleo, edifícios altos e aeroportos. O poliéster reforçado com filamentos de vidro é utilizado principalmente como suporte do sistema de proteção nos transformadores a óleo. Estas películas aumentam a carga devido à rutura e oferecem uma forte resistência à infração. Estas fitas são adequadas para fios de isolamento com chumbo, enrolamento de cabos e proteção externa. Por outro lado, o óleo de silicone para transformadores é utilizado principalmente como refrigerante em transformadores de potência de alta tensão. Tem bons valores de capacidade térmica, baixa viscosidade e elevada resistência dieléctrica. As poliesteramidimidas têm uma longa duração até 180-210 °C e uma elevada resistência ao calor. São utilizadas como isolantes de fios em transformadores a óleo.

Figura (3.10): Transformador de tipo seco fundido em epóxi-resina.

3.7.2 Cabos de alimentação isolados

Na maior parte dos cabos eléctricos de nível elevado a médio, os polímeros são amplamente utilizados como materiais de isolamento. Esses materiais poliméricos incluem o polietileno (PE), o HDPE, o LDPE, a borracha de etileno-propileno (EPR), etc. No entanto, o PEBD é mais versátil e, até aos anos 60, era o material polimérico mais utilizado. Atualmente, o polietileno reticulado (XLPE) tem sido preferido ao papel devido às suas propriedades melhoradas, como a eficiência e a capacidade de suportar temperaturas elevadas. No entanto, recentemente, os cabos de XLPE começaram a ser substituídos por HDPE em sistemas de distribuição mais avançados devido à sua maior resistência a descargas atmosféricas e à água (ver Figura (3.11)). Em alguns cabos médios que requerem maior flexibilidade. No entanto, para aplicações de baixa tensão, o PVC é muito mais preferido devido ao seu baixo custo de fabrico e durabilidade. Em novas tecnologias, como a HVDC, os cabos poliméricos não são utilizados e, em vez disso, o papel impregnado de óleo é amplamente utilizado. Nestas aplicações, os cabos poliméricos são muito susceptíveis a descargas parciais. Novas técnicas, como a modificação da resistividade térmica e a redução do espaço, foram propostas para o desenvolvimento de cabos HVDC isolados com polímeros. Outras técnicas que estão a ser desenvolvidas para melhorar os cabos poliméricos para HVDC incluem o desenvolvimento de nanocompósitos e a adição de partículas inorgânicas. Todas estas adições podem melhorar a resistência mecânica, a estabilidade térmica e a rutura dieléctrica rigorosa. A investigação centra-se agora na aplicação de nanopartículas para melhorar as propriedades dieléctricas dos nanocompósitos. Para o isolamento de polietileno e policloreto de vinilo, as suas tensões nominais podem ir até 275 kV e 3,3 kV, respetivamente.

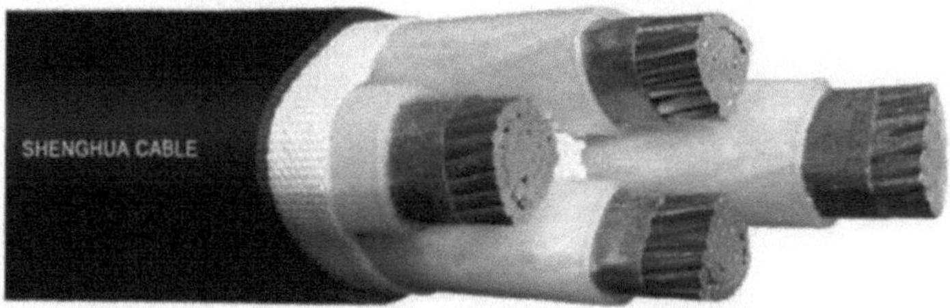

Figura (3.11): Cabo de alimentação com isolamento XPLE.

Atualmente, a atenção centra-se no desenvolvimento de cabos isolantes com propriedades únicas capazes de funcionar a altas temperaturas e níveis de tensão eléctrica. Uma investigação recente demonstra a existência de uma mistura de copolímeros reticulados sem subprodutos, que é vista como uma potencial solução para o XLPE, amplamente utilizado para o isolamento de cabos CC de alta tensão. Os resultados mostram que a tangente de perda da mistura de copolímeros é três a quatro vezes inferior à do XLPE, com magnitudes de 0,12 a 70 °C e 0,01 a 50 °C. O copolímero demonstrou boas propriedades eléctricas e é isento de subprodutos de reticulação. Como resultado, este material é uma opção promissora para componentes de alta tensão, tais como cabos HVDC, que requerem materiais de isolamento limpos.

O PVC e o polietileno são os dois principais tipos de polímeros utilizados no isolamento de fios e cabos, sendo o PVC responsável por cerca de 2/3 do isolamento utilizado na cablagem de edifícios nos EUA1. Para além dos fios e cabos, o PVC também é normalmente utilizado como isolante noutros produtos electrotécnicos, como fichas e conectores. O isolamento de PVC em cabos eléctricos para utilização em aplicações de 120 VAC tem normalmente espessuras de 0,4 - 1,2 mm. Para uma formulação típica de PVC, os resultados dos testes sugerem que essas espessuras podem suportar tensões de 3 a 14 kV. Uma vez que a tensão de pico correspondente a 120 volts rms (root-mean-square) é de 170 V, parece, à partida, que está incorporado um enorme fator de segurança e que a falha é muito improvável[31].

3.7.3 Materiais de encapsulamento elétrico

Os materiais de encapsulamento elétrico são necessários para o funcionamento adequado de transformadores, bobinas de motores, sensores e solenóides. Os primeiros materiais de encapsulamento elétrico foram as resinas, que apresentavam muitas vantagens para proteger os componentes eléctricos encapsulados, tais como elevado isolamento, baixa permissividade relativa, baixo custo e fácil síntese. As resinas termoplásticas demonstraram um melhor desempenho do que os termoendurecíveis, uma vez que requerem paredes mais finas para serem mais resistentes do que os termoendurecíveis. Além disso, os termoplásticos são produzidos em ciclos mais rápidos, geram menos resíduos e não apresentam os problemas ambientais relacionados com os termoendurecíveis. No entanto, quando submetidas a temperaturas específicas, o comportamento das resinas pode causar retração ou expansão do material, gerando tensões concentradas e levando a falhas prematuras. Propõe-se um ensaio para estudar este fator de rotura impulsiva, em que amostras de resinas curadas são submetidas a uma vasta gama de temperaturas. A pressão de embutimento é calculada; este estudo mostra que a pressão de embutimento é maior para temperaturas mais baixas.

Para fabricar a maioria das bobinas de alto desempenho, são utilizados termoplásticos como PA 66, poliéster PBT e composições de polímero de poliéster PET para o encapsulamento. O PA 612 pode ser aplicado como material de encapsulamento para sensores encapsulados porque pode suportar ciclos térmicos repetidos mais do que os poliésteres. Atualmente, para encapsular conjuntos de potência de alta tensão com vários chips, são normalmente utilizados géis de silicone; devido ao seu elevado isolamento elétrico e suavidade, estes são utilizados principalmente se existirem fios de ligação. No entanto, para temperaturas superiores a 250 °C, estes materiais têm apresentado sintomas de rutura. Nos casos que exigem um funcionamento a temperaturas mais elevadas, o elastómero de silicone provou ser um substituto adequado.

O material mais comum para o encapsulamento de circuitos integrados (CI) são as resinas epoxídicas. Estas propriedades diferem entre si devido às diferentes formulações efectuadas para melhorar propriedades específicas que melhoram o desempenho individual. Estas estão relacionadas com a resistência térmica, o isolamento elétrico, a fiabilidade à humidade, a fiabilidade à temperatura e a pressão. A incorporação de cargas como a alumina, o nitreto de boro, o nitreto de alumina ou outro pó cerâmico aumenta a condutividade térmica do isolamento elétrico do encapsulamento. A carga inorgânica atinge 65% a 90% do peso total. Nos últimos anos, a incorporação de cargas isolantes à micro e à nanoescala em resinas epoxídicas tem sido estudada para aumentar a resistência ao stress mecânico e aumentar a força dieléctrica. Essas investigações mostraram que o aumento do teor de carga aumentou a condução de corrente e a condutividade volumétrica, uma conclusão que não era esperada dada a natureza das cargas inorgânicas. Isto sugere que a interação intermolecular epóxi/enchimento pode estar diretamente relacionada com as capacidades de transporte em massa. A questão do encapsulamento epóxi/carga está relacionada com a geração de propagação de carga sobre a superfície dos circuitos integrados, devido à injeção significativa de carga eletrónica a partir dos fios de ligação incorporados. A quantidade de carga num composto de moldagem epoxídico varia a rigidez dieléctrica porque, a altas temperaturas, para quantidades mais elevadas de carga, a condutividade e a dependência do campo elétrico aumentam. Este facto pode ser atribuído ao consequente aumento das partículas de carga e da matriz epoxídica.

3.7.4 Plásticos eléctricos e electrónicos

Muitas aplicações eléctricas requerem polímeros de elevada qualidade.

Atualmente, os aparelhos eléctricos utilizam normalmente o plástico como sistema de isolamento. Os plásticos têm boa rigidez dieléctrica, desempenho térmico e resistência à água, o que os torna ideais para componentes eléctricos. Vários componentes de computadores são constituídos por polímeros. Em geral, os polímeros condutores são utilizados em todos os elementos informáticos para garantir a condutividade e o bom funcionamento do dispositivo. Por outro lado, os plásticos são utilizados no fabrico de partes externas de electrodomésticos, como televisores, torradeiras, espremedores de sumos e liquidificadores. Atualmente, a maioria das ferramentas eléctricas é feita de plástico. Outras aplicações de materiais plásticos são relés, disjuntores, comentários de transformadores, cablagem e fios.

3.7.5 Isoladores de linhas de transmissão de alta tensão

No passado, os isoladores de porcelana cerâmica eram utilizados tanto nas linhas de transmissão como nas linhas de distribuição. Nos sistemas de transmissão de alta tensão, os isoladores de polímero ou compósitos estão a tornar-se mais comuns. Os isoladores de polímero, que se distinguem pelo seu tamanho compacto, leveza, elevada potência mecânica, facilidade de instalação e baixa manutenção, surgiram como uma nova geração de isoladores de linhas de transmissão de alta tensão. O molde com nervuras de proteção nos isoladores de polímero é feito de borracha orgânica de silicone, o que o torna diferente de outros isoladores.

Os isoladores exteriores de borracha de silicone estão a tornar-se uma opção atractiva para utilização em linhas eléctricas HVAC e HVDC. Estão a substituir lentamente os isoladores tradicionais utilizados nos sistemas de transmissão e distribuição. Em comparação com os isoladores de cerâmica e de vidro, os isoladores poliméricos são leves, têm uma quebra reduzida, possuem uma boa resistência eléctrica e são fáceis de manusear e transportar. Mais importante ainda, os materiais poliméricos, como a borracha de silicone, têm materiais de transferência de hidrofobicidade (HTM), o que garante um melhor desempenho em ambientes poluídos. Além disso, os isoladores poliméricos oferecem uma flexibilidade superior durante a conceção, podendo ser moldados em qualquer tamanho e forma. No entanto, sabe-se que os isoladores poliméricos apresentam fragilidades na sequência de fortes descargas superficiais e da exposição a outros ataques químicos e aos raios UV, como a perda de hidrofobicidade, a formação de rastos, a erosão da superfície durante as descargas eléctricas e a degradação devido a actividades corona[32].

Desde a sua introdução no início dos anos 70, as empresas de eletricidade têm vindo a adotar gradualmente os isoladores de polímero como substitutos adequados dos isoladores de porcelana e de vidro. Os polímeros de etileno-propileno são utilizados para fabricar os isoladores. O EPR e a borracha de silicone são alguns dos polímeros utilizados como isoladores. Entre eles, o EPR é um dos polímeros sintéticos mais resistentes às intempéries disponíveis. Tem uma qualidade superior de envelhecimento e cor, bem como excelentes propriedades eléctricas, químicas e mecânicas. A resistência ao calor, ao oxigénio, ao ozono e à luz solar é excecional em todos os EPR. A Figura (3.12) mostra um isolador de suspensão de polímero utilizado numa linha de alta tensão. A maioria dos isoladores poliméricos é concebida com uma tensão nominal que varia entre 7,5 e 765 kV. Para os casquilhos das linhas de alta tensão, são utilizados determinados tipos de polímeros. Estes incluem o polioximetileno, o sulfureto de polifenileno e o polietileno de peso molecular ultra-elevado.

Figura (3.12): Isoladores de suspensão de polímeros.

Hoje em dia, o objetivo é desenvolver novas técnicas de controlo de tensões utilizando materiais avançados. Recentemente, muitos investigadores têm-se debruçado sobre a utilização de materiais de classificação de campo para minimizar o aumento do campo elétrico em isoladores de alta tensão, a fim de melhorar a conceção do equipamento. Existem dois tipos principais de gradação, ou seja, a gradação capacitiva e a gradação resistiva. Na classificação capacitiva, podem ser adicionadas várias cargas à matriz hospedeira, a fim de aumentar a permissividade dos materiais dieléctricos. Nesta situação, o campo elétrico nos isoladores aéreos é redistribuído. Na classificação resistiva, a ideia é que o campo elétrico varie com a condutividade, de modo a obter um comportamento de condução não linear. Neste caso, o polímero de base é preenchido com uma carga inorgânica para obter caraterísticas não lineares. Quando a intensidade do campo elétrico atinge um nível suportável, o material de classificação não linear torna-se condutor, o que tende a homogeneizar a propagação do campo elétrico no interior do isolamento, eliminando assim o efeito de aumento do campo [33].

3.8 Alguns polímeros utilizados em isoladores eléctricos

Os polímeros são compostos de elevado peso molecular e de cadeia longa formados pela ligação de muitos monómeros (pequenas unidades) através de ligações covalentes. As ligações de pequenas unidades podem conduzir, durante a polimerização, a diferentes disposições das cadeias poliméricas, nomeadamente lineares, ramificadas ou reticuladas. As subsecções seguintes incluem os diferentes tipos de polímeros e a forma como são preparados e caracterizados.

3.8.1 Polímeros termoplásticos

Trata-se, na sua maioria, de polímeros lineares ou ramificados que amolecem e fluem quando aquecidos, que se moldam rapidamente em produtos complexos no estado fundido e que endurecem (solidificam) quando arrefecidos. O processo de endurecimento e amolecimento em função da temperatura do material é totalmente reversível. Assim, a maioria dos termoplásticos pode ser remoldada muitas vezes sem efeitos na estrutura química, embora a degradação química possa limitar o número de ciclos. A vantagem aparente dos polímeros termoplásticos é o facto de os resíduos de termoplásticos poderem ser reciclados e de uma peça partida ou rejeitada após a moldagem poder ser retificada e moldada de novo. Os plásticos utilizados nas garrafas de bebidas são termoplásticos típicos que são amplamente reciclados. Os termoplásticos de maior volume incluem o polietileno, o polipropileno, o poliestireno e o poli (cloreto de vinilo). Outros termoplásticos incluem o politereftalato de etileno, o policarbonato e a poliamida (nylon). A eletricidade é essencial para o nosso nível de vida porque alimenta quase todos os aspectos das nossas vidas, mas a eletricidade é potencialmente letal. Por outro lado, os plásticos não conduzem eletricidade e são, por isso, utilizados em várias aplicações em que são necessárias as suas propriedades isolantes. Os plásticos são especialmente adequados para caixas de produtos como secadores de cabelo, máquinas de barbear eléctricas e misturadores de alimentos, uma vez que protegem o utilizador do risco de choque elétrico. Os polímeros termoplásticos utilizados em máquinas eléctricas como isolantes são apresentados no Quadro 1.

Tabela 1. Aplicação de termoplástico com sistema elétrico

Material	Application
Polyethylene	Cable and wire insulation
Polypropylene	Kettles
Polyvinyl chloride	Cable and wire insulation, cable trucking
Polystyrene	Refrigerator trays/linings, TV cabinets
Polycarbonate	Telephones
Acrylonitrile butadiene styrene	Telephone handsets, keyboards, monitors, computer cases
Polyamide	Food processor bearings and adaptors
Ethylene-vinyl acetate	Freezer door strips, lean vacuum hoses, handle-grips
Polyesters	Business machine parts, coffee machines, toasters
Polyphenylene oxide	Coffee machines, TV housings

3.8.1.1   Ácido poliláctico

O ácido poliláctico (PLA) é um polímero termoplástico rígido que pode ser semi-cristalino ou totalmente amorfo, dependendo da estereopuridade da espinha dorsal do polímero. O ácido L(-)-lático (ácido 2-hidroxipropiónico) é a forma natural e mais comum do ácido, mas o ácido D(+)-lático também pode ser produzido por microrganismos ou por racemização e esta "impureza" actua de forma muito semelhante aos comonómeros noutros polímeros, como o tereftalato de polietileno (PET) ou o polietileno (PE). No PET, o dietilenoglicol ou o ácido isoftálico são copolimerizados na espinha dorsal a níveis baixos (110%) para controlar a taxa de cristalização. Da mesma forma, as unidades de ácido D-lático são incorporadas no L-PLA para otimizar a cinética de cristalização para processos de fabrico e aplicações específicas. O PLA é um polímero único que, em muitos aspectos, se comporta como o PET, mas também tem um desempenho muito semelhante ao do polipropileno (PP), uma poliolefina. Em última análise, pode ser o polímero com a mais vasta gama de aplicações devido à sua capacidade de ser cristalizado sob tensão, cristalizado termicamente, modificado por impacto, preenchido, copolimerizado e processado na maioria dos equipamentos de processamento de polímeros. Pode ser formado em películas transparentes, fibras ou moldado por injeção em pré-formas moldáveis por sopro para garrafas, como o PET. O PLA também tem excelentes caraterísticas organolépticas e é excelente para o contacto com alimentos e aplicações de embalagem relacionadas[34].

Figura (3.13): Estrutura do PLA.

Aplicação do ácido poliláctico

O PLA encontra uma vasta gama de utilizações, desde aplicações médicas e farmacêuticas a películas e fibras ecológicas para embalagens, artigos para a casa e vestuário. O PLA é também utilizado em materiais compósitos. As principais aplicações são em fibras, enchimento de fibras (almofadas, edredões, colchões, edredões), vestuário (desportivo, ativo, roupa interior e moda), e os tecidos de PLA são adequados para a produção de artigos de vestuário desportivo, uma vez que apresentam uma excelente gestão da humidade. O PLA pode ser utilizado em misturas com algodão, liocel e lã, ou isoladamente. Por exemplo, a Nature Works LLC promove a fibra Ingeo™ para utilização em vestuário, enchimento de fibras, alcatifas, mobiliário, não-tecidos e aplicações industriais. As almofadas e o vestuário fabricados com a fibra Ingeo™ já estão a ser vendidos em três continentes. No entanto, a baixa temperatura de fusão da fibra Ingeo™ é uma limitação. Por isso, a investigação da Nature Works LLC continua a produzir fibras de PLA de segunda geração com um ponto de fusão mais elevado (210-220°C), com base no PLA estereocomplexo. No entanto, a capacidade de fiação do polímero estereocomplexo ainda necessita de mais investigação. É possível que venha a estar disponível comercialmente num futuro próximo para aplicações não tecidas (têxteis agrícolas e geotêxteis, produtos de higiene, toalhetes)[35].

3.8.1.2 Acetato de etileno-vinilo

O acetato de etileno-vinilo (EVA), também conhecido como poli(acetato de etileno-vinilo) (PEVA), é o copolímero de etileno e acetato de vinilo. A percentagem de peso do acetato de vinilo varia normalmente entre 10 e 40%, sendo o restante etileno. É um polímero que se aproxima dos materiais elastoméricos ("tipo borracha") em termos de suavidade e flexibilidade. É diferente de um termoplástico, na medida em que o material é reticulado e, por conseguinte, difícil de reciclar. O material tem boa transparência e brilho, resistência a baixas temperaturas, resistência à fissuração por tensão, propriedades impermeáveis de adesivo termofusível e resistência à radiação UV. O EVA tem um odor caraterístico a vinagre e é competitivo com os produtos de borracha e vinil em muitas aplicações eléctricas.

Aplicação do acetato de etileno-vinilo

As colas termofusíveis, os bastões de cola quente e as chuteiras de futebol topo de gama são normalmente fabricados em EVA, geralmente com aditivos como cera e resina. O EVA também é utilizado como aditivo para aumentar a aderência em embalagens de plástico. As folhas de espuma para artesanato são feitas de EVA e estas folhas de espuma são popularmente utilizadas para autocolantes de espuma para crianças. O EVA também é utilizado em aplicações de engenharia biomédica como um dispositivo de administração de medicamentos. O polímero é dissolvido num solvente orgânico (por exemplo, diclorometano). O medicamento em pó e o material de enchimento (normalmente um açúcar inerte) são adicionados à solução líquida e rapidamente misturados para obter uma mistura homogénea. A mistura fármaco-carga-polímero é então lançada num molde a -80 °C e liofilizada até ficar sólida. Estes dispositivos são utilizados na investigação sobre a administração de medicamentos para libertar lentamente um composto. Embora o polímero não seja biodegradável no corpo, é bastante inerte e causa pouca ou nenhuma reação após a implantação. O EVA é um dos materiais conhecidos popularmente como borracha expandida ou espuma de borracha. A espuma EVA é utilizada como enchimento em equipamento para vários desportos, como botas de esqui, selins de bicicleta, almofadas de hóquei, luvas e capacetes de boxe e de artes marciais mistas, botas de wakeboard, botas de esqui aquático, canas de pesca e cabos de carretos de pesca. É tipicamente utilizado como amortecedor de choques em calçado desportivo, por exemplo. É utilizado para o fabrico de flutuadores para artes de pesca comerciais, como a rede de cerco (pesca com rede de cerco) e as redes de emalhar. Além disso, devido à sua flutuabilidade, o EVA foi introduzido em produtos não tradicionais, como os óculos flutuantes. É também utilizado na indústria fotovoltaica como material de encapsulamento para células solares de silício cristalino no fabrico de módulos fotovoltaicos. Os chinelos e sandálias de EVA são atualmente muito populares devido às suas propriedades como leveza, facilidade de moldagem, inodoro, acabamento brilhante e mais barato do que a borracha natural. Nas canas de pesca, é utilizado para construir pegas na extremidade do rabo da cana. O EVA pode ser utilizado como substituto da cortiça em muitas aplicações.

3.8.1.3   Policaprolactona (PCL)

A policaprolactona (PCL) é um tipo de poliéster biodegradável com um ponto de fusão baixo de aproximadamente 60°C e uma temperatura de transição vítrea de cerca de -60°C. A sua principal aplicação é frequentemente na produção de poliuretanos especializados. O PCL proporciona uma excelente resistência à água, óleo, solventes e cloro para os poliuretanos resultantes. Além disso, é habitualmente utilizada como aditivo para plásticos para melhorar as suas propriedades de processamento e utilização final, como a resistência ao impacto. A policaprolactona também apresenta compatibilidade com vários outros materiais. Pode ser combinada com amido para reduzir os custos e melhorar a biodegradabilidade ou utilizada como plastificante para o cloreto de polivinilo (PVC). Além disso, a policaprolactona encontra aplicações em modelação, moldagem e serve como material para sistemas de prototipagem rápida como a impressão 3D e o fabrico de filamentos fundidos para criar fios de cabelo consolidados.

A estrutura do PCL consiste em monómeros de caprolactona ligados entre si por ligações éster. Cada unidade de monómero de caprolactona compreende um anel de lactama com seis membros. A caprolactona é um anel hexamérico com uma fórmula química de C6H10O2. A fórmula química da estrutura do PCL é [-OC(O)C6H10-]n, em que n representa o número de unidades monoméricas na cadeia polimérica.

Os monómeros de caprolactona estão ligados através de ligações éster entre o grupo carboxilo (-COOH) de um monómero e o grupo hidroxilo (-OH) de outro. O PCL é um polímero semi-cristalino, o que significa que tem uma estrutura que inclui regiões cristalinas e amorfas. As regiões cristalinas estão firmemente dispostas, enquanto as regiões amorfas têm uma disposição aleatória. O rácio de regiões cristalinas e amorfas no PCL pode ser ajustado através da variação das condições de polimerização. O PCL com uma maior proporção de regiões cristalinas terá maior resistência à tração e rigidez, enquanto o PCL com uma menor proporção de regiões cristalinas apresentará maior flexibilidade e elasticidade.

Figura (3.14): Estrutura da policaprolactona

Aplicações da policaprolactona

A policaprolactona (PCL) é um poliéster biodegradável amplamente aplicado em vários domínios, incluindo:

> **Aplicações médicas**

O PCL é um biomaterial biocompatível e seguro que se pode biodegradar no corpo humano num período de 18-24 meses, dependendo da sua estrutura molecular. Algumas aplicações médicas do PCL incluem:

1. Suturas cirúrgicas auto-absorventes: O PCL é utilizado como suturas cirúrgicas auto-absorventes, substituindo as suturas tradicionais como o nylon ou o poliéster. As suturas de PCL são flexíveis e têm um tempo de auto-absorção mais longo, reduzindo a dor e o desconforto dos doentes.

2. Enxertos de pele: O PCL é utilizado como enxerto de pele para cobrir feridas ou defeitos cutâneos. Os enxertos de PCL apresentam uma boa durabilidade e elasticidade, protegendo os tecidos subjacentes dos factores ambientais.

3. Enxertos ósseos: O PCL é utilizado como enxerto ósseo para regenerar o tecido ósseo danificado ou perdido. Os enxertos de PCL podem ser utilizados para tratar fracturas ósseas, inflamação das articulações ou outras doenças ósseas.

4. Sistemas de administração de medicamentos: A PCL funciona como um sistema de administração de medicamentos para controlar a taxa e a localização da libertação do medicamento no organismo. Os sistemas de administração de medicamentos em PCL podem ser utilizados para tratar doenças crónicas como o cancro ou a diabetes.

> **Aplicações industriais**

O PCL é utilizado como aditivo em vários plásticos para melhorar a processabilidade e a resistência ao impacto. O PCL é também utilizado como plastificante para PVC, tornando-o mais maleável e

82

flexível. Algumas aplicações específicas incluem:

1. Aditivos para plásticos: O PCL é utilizado como aditivo para plásticos como o polipropileno, o polietileno e o poliestireno. O PCL melhora a processabilidade e a resistência ao impacto destes plásticos.
2. Plastificante de PVC: O PCL serve de plastificante para o PVC, tornando-o mais maleável e flexível. O PVC é utilizado em materiais de construção, eletrónica e brinquedos.

➤ **Aplicações para consumidores**

O PCL é utilizado como material para embalagens, fabrico de brinquedos, equipamento desportivo e muito mais, incluindo:

1. Material de embalagem: O PCL é utilizado como material de embalagem, por exemplo, para embalagens de alimentos e bebidas. As propriedades de resistência à água e ao oxigénio do PCL ajudam a proteger os alimentos e as bebidas da deterioração.
2. Fabrico de brinquedos: O PCL é utilizado como material para o fabrico de brinquedos, incluindo brinquedos para crianças e equipamento desportivo. A durabilidade e a resistência ao impacto do PCL tornam os brinquedos seguros para as crianças.
3. Equipamento desportivo: O PCL é utilizado na produção de equipamento desportivo, como tacos de golfe e raquetes de ténis. As qualidades de força e resistência ao impacto do PCL contribuem para um equipamento desportivo durável e eficaz[36].

3.8.1.4 Borracha EPDM

O monómero de etileno-propileno-dieno, ou EPDM, é um tipo de borracha sintética que é normalmente utilizado em muitas indústrias. Desenvolvido no início da década de 1960, é feito de monómeros de etileno, propileno e dieno e é um tipo de borracha muito versátil e durável com muitas aplicações. Enquanto a borracha natural pode deteriorar-se com a exposição à luz solar e ao ozono e tornar-se quebradiça com o tempo, algumas borrachas sintéticas, como o EPDM, foram concebidas para resistir a condições mais extremas e podem durar muito mais tempo.

O EPDM tem muitas aplicações devido à sua durabilidade, flexibilidade, capacidade de suportar uma vasta gama de temperaturas e muitas outras propriedades. Isto inclui conectores flexíveis, juntas de água, O-rings, ilhós e uma variedade de peças para automóveis, bem como muitas outras aplicações no exterior. É também a única borracha utilizada para fabricar sistemas de cobertura completos.

Aplicações da borracha EPDM

O EPDM é um dos polímeros de borracha mais utilizados e tem uma vasta gama de aplicações. Como já foi referido, a sua durabilidade e capacidade geral para resistir aos elementos fazem dele uma óptima escolha para muitas aplicações no exterior. Alguns exemplos de aplicações de EPDM incluem:

> Automóvel - O EPDM é utilizado em muitas peças diferentes de automóveis, incluindo vedantes para portas e janelas, sistemas de travões, para-choques, limpa para-brisas e várias mangueiras e tubos.
> Locomotiva - O EPDM é utilizado para fabricar conectores flexíveis utilizados em locomotivas. A sua flexibilidade, resistência à temperatura, resistência ao ozono e resistência às intempéries significam que pode durar muito tempo.
> Construção - O EPDM é utilizado para coberturas, vedantes, vedantes de portas de garagem, revestimentos de piscinas e muitas outras aplicações na construção.
> Industrial - O EPDM é utilizado para juntas de água, anéis de vedação, ilhós, isolamento elétrico e calafetagem[37].

3.8.1.5 Politetrafluoroetileno

O politetrafluoroetileno (PTFE) é um fluoropolímero sintético de tetrafluoroetileno, que tem inúmeras aplicações devido ao facto de ser quimicamente inerte. A marca comummente conhecida da composição à base de PTFE é Teflon da Chemours, uma empresa derivada da DuPont, que descobriu originalmente o composto em 1938.

O politetrafluoroetileno é um sólido de fluorocarbono, uma vez que é um polímero de elevado peso molecular constituído inteiramente por carbono e flúor. O PTFE é hidrofóbico: nem a água nem as substâncias que contêm água molham o PTFE, uma vez que os fluorocarbonetos apresentam apenas pequenas forças de dispersão de Londres devido à baixa polarizabilidade eléctrica do flúor. O PTFE tem um dos mais baixos coeficientes de atrito de qualquer sólido.

O politetrafluoroetileno é utilizado como revestimento antiaderente para panelas e outros utensílios de cozinha. Não é reativo, em parte devido à força das ligações carbono-flúor, pelo que é frequentemente utilizado em recipientes e tubagens para produtos químicos reactivos e corrosivos. Quando utilizado como lubrificante, o PTFE reduz a fricção, o desgaste e o consumo de energia das máquinas. É utilizado como material de enxerto em cirurgia e como revestimento de cateteres.

Figura (3.15): Estrutura do politetrafluoroetileno

O PTFE e os produtos químicos utilizados na sua produção são alguns dos PFAS mais conhecidos e amplamente aplicados[carece de fontes], que são poluentes orgânicos persistentes. Durante décadas, a DuPont utilizou o ácido perfluorooctanóico (PFOA, ou C8) durante a produção de PTFE, tendo posteriormente interrompido a sua utilização devido a acções judiciais por questões ecotoxicológicas e de saúde. Atualmente, a empresa Chemours, spin-off da Dupont, fabrica PTFE utilizando um produto químico alternativo a que chama GenX, outro PFAS.

O PTFE é produzido por polimerização por radiação livre do tetrafluoroetileno. A equação líquida é

$$nF_2C{=}CF_2 \rightarrow -(F_2C - CF_2)_n-$$

Uma vez que o tetrafluoroetilo pode decompor-se explosivamente em tetrafluorometano (CF_4) e carbono, é necessário um aparelho especial para a polimerização para evitar pontos quentes que possam iniciar esta reação lateral perigosa. O processo é tipicamente iniciado com persulfato, que homolisa para gerar radicais de sulfato:

$$[O_3SO - OSO_3]^{2-} \rightleftharpoons 2\ SO_4{}^{\bullet-}$$

O polímero resultante é terminado com grupos éster de sulfato, que podem ser hidrolisados para dar grupos terminais OH.

Aplicações do politetrafluoroetileno

> A principal aplicação do PTFE, que consome cerca de 50% da produção, é o isolamento de fios em aplicações aeroespaciais e informáticas (por exemplo, fios de ligação, cabos coaxiais). Esta aplicação explora o facto de o PTFE ter excelentes propriedades dieléctricas, nomeadamente uma baixa dispersão da velocidade de grupo, especialmente a altas frequências de rádio, o que o torna adequado para ser utilizado como um excelente isolante em conjuntos de conectores e cabos, e em placas de circuitos impressos utilizados em frequências de micro-ondas.

> Em aplicações industriais, devido ao seu baixo atrito, o PTFE é utilizado em chumaceiras, engrenagens, placas de deslizamento, vedantes, juntas, casquilhos e outras aplicações com ação de deslizamento de peças, em que supera o acetal e o nylon.

> A sua resistividade aparente extremamente elevada torna-o um material ideal para o fabrico de electrões de longa duração, os análogos electrostáticos dos ímanes permanentes.

> O PTFE é frequentemente encontrado em produtos de lubrificação de instrumentos musicais; mais comummente, no óleo de válvulas.

> As membranas arquitectónicas de PTFE são criadas através do revestimento de uma tela de base de fibra de vidro tecida com PTFE, formando um dos materiais mais fortes e duráveis utilizados em estruturas de tração. Algumas estruturas notáveis com membranas tensionadas com PTFE incluem a O2 Arena em Londres, o Estádio Moses Mabhida na África do Sul, o Estádio Metropolitano em Espanha e a cobertura do Estádio de Futebol de Sydney na

Austrália[38].

As vantagens das resinas termoplásticas:

1. Altamente reciclável
2. Elevada resistência ao impacto
3. Remodelação das capacidades
4. Resistência química
5. Grande número de opções de acabamento
6. Estabilidade dimensional
7. Não há cheiros tóxicos, fumos ou descargas nocivas utilizados no fabrico

As desvantagens dos materiais termoplásticos:

1. Pode ser dispendioso
2. Baixo ponto de fusão
3. Pode fraturar sob níveis de tensão elevados
4. Pode ser sensível a solventes orgânicos

3.8.2 Polímeros termoendurecíveis

Estes polímeros possuem uma estrutura de rede reticulada formada exclusivamente por uma ligação covalente. Com base na sua ligação cruzada, os termoendurecíveis são materiais rígidos e quebradiços, mas são estáveis a temperaturas elevadas e resistentes a solventes e outros produtos químicos. Os termoendurecíveis não derretem com o aquecimento porque a ligação cruzada impede que as cadeias deslizem umas sobre as outras. Quando aquecido, o material termoendurecível amolece a determinadas temperaturas, não derretendo, mas um maior aquecimento provocará a decomposição ao quebrar as ligações covalentes da cadeia. Ao contrário dos termoplásticos, os materiais termoendurecíveis são moldados ao serem colocados num molde. A reação química é iniciada para provocar ligações cruzadas que fazem com que o material endureça e adquira uma forma permanente. O processo de reticulação é designado por cura. Assim, os materiais termoendurecidos são curados ou endurecidos com energia térmica. A natureza da cura de um material termoendurecível é semelhante à cozedura de um bolo. Os ingredientes, que incluem polímero ou monómero (que é capaz de formar ligações cruzadas), corantes, agentes de cura, cargas e outros aditivos, são misturados e colocados no molde com a forma desejada. A mistura é aquecida para formar ligações cruzadas e depois arrefecida para facilitar a remoção do molde. Os termoendurecíveis são amplamente utilizados para isolar cabos eléctricos, enquanto os termoendurecíveis (que são termicamente estáveis) são utilizados para interruptores, disjuntores, acessórios de iluminação e puxadores. A Tabela 2 mostra as aplicações de termofixos comuns em aplicações eléctricas.

Tabela 2. Polímeros termoendurecíveis comuns para aplicações eléctricas

Material	Application
Alkyd resins	Circuit breakers, switchgear
Amino resins	Lighting fixtures
Epoxy resins	Electrical components
Phenol formaldehyde	Fuse boxes, knobs, switches, handles
Urea-formaldehyde	Fuse boxes, knobs, switches

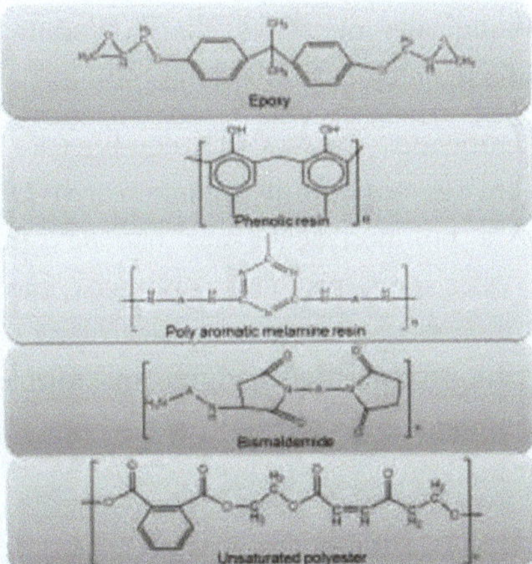

Figura (3.16): Diferentes tipos de resinas termoendurecíveis[39].

3.8.2.1 Resinas epoxídicas

Os epóxis são uma família extensa e complexa de polímeros termoendurecíveis que são utilizados pelas suas excelentes propriedades adesivas, elevada resistência à tração e à compressão, bem como pela sua estabilidade química e térmica. Tecnicamente, as resinas epoxídicas são intermediários quimicamente reactivos que contêm pelo menos dois grupos epóxido ou hidroxilo. Estes são estimulados a estabelecer ligações cruzadas, resultando na polimerização em redes químicas tridimensionais rígidas de vários tipos e regularidades. Os epóxis são amplamente utilizados em várias aplicações, nos sectores industrial, automóvel, aeroespacial e da construção. São amplamente utilizados como adesivos, revestimentos e vedantes. São muito eficazes na colagem de materiais diferentes (metais, madeiras, pedras, plásticos, etc.) e actuam como agentes de preenchimento de espaços para permitir a colagem entre superfícies pouco conformes.

Os epóxis funcionam transformando-se de líquidos (ou pastas) em sólidos através de ligações cruzadas que se formam entre os grupos epóxidos. Geralmente, as ligações cruzadas são feitas entre os grupos epóxido ou hidroxilo presentes na resina de pré-polimerização. Isto resulta de dois mecanismos básicos, com variações de pormenor. A polimerização é um produto da reação direta das moléculas de resina pelo mecanismo de homopolimerização catalisada, ou através de um produto químico adicional reativo que actua como agente de acoplamento[40].

São normalmente fabricados através da combinação de dois agentes químicos, a resina e um agente copolimerizante reativo OU um endurecedor catalítico que induz a polimerização mas não se integra na molécula resultante. Quando estes dois produtos químicos são combinados nas proporções corretas, uma reação de polimerização faz com que a resina e a combinação endurecedor/catalisador endureçam, formando um material rígido e forte. Num número limitado de casos, o processo de cura é uma reação catalisada por luz UV.

Aplicações das resinas epoxídicas

As resinas epóxi utilizadas em aplicações de construção podem ajudar a aumentar a vida útil dos edifícios e diminuir a necessidade de renovação e repintura, melhorando a durabilidade de peças estruturais, adesivos de engenharia e tintas.

- **Tintas e revestimentos:** As tintas enriquecidas com epóxi secam rapidamente e proporcionam um revestimento duradouro e protetor. São úteis para aplicações de fábrica em ferro fundido, aço fundido e alumínio fundido, e são utilizadas para suportar invólucros metálicos, ajudando-os a resistir a danos provocados por choques ou outros impactos. Os revestimentos epóxi incluem primários anti-corrosivos e revestimentos resistentes à abrasão e ao fogo.

- **Pavimentos:** Os epóxis desempenham um papel importante nas aplicações de pavimentos, particularmente em ambientes que requerem superfícies estéreis, tais como ambientes médicos e instalações de processamento de alimentos. A natureza duradoura dos epóxis significa que os pavimentos revestidos a epóxi podem ser higienizados com produtos de limpeza mais fortes.

- Os epóxis são também utilizados em pavimentos decorativos e de elevado desempenho, como o terrazzo, o chip e os pavimentos de agregados coloridos, e podem melhorar o aspeto estético de materiais como o mármore. Os pavimentos em epóxi também podem ser melhorados através da adição de lascas de vinil contrastantes à camada superior de epóxi, ou de outros aditivos, como a adição de grão para dar aos pavimentos uma textura anti-derrapante.

- **Canalizações e tubagens:** As resinas epóxi são usadas para fazer tubos e tanques compostos e como revestimentos para produtos de aço tradicionais. Como o revestimento de tubagens com epóxi tende a ser durável e resistente ao cloro e aos micróbios, pode ser uma alternativa viável para substituir tubagens antigas.

- **Adesivos de alto desempenho:** As colas epoxídicas de elevado desempenho podem ser utilizadas para fabricar madeira laminada para decks, paredes e telhados. Os epóxis são geralmente mais resistentes ao calor e aos produtos químicos do que muitas colas e podem aderir à madeira, ao metal, ao vidro, à pedra e a alguns plásticos[41].

3.8.2.2 Resina alquídica

Um alquídico é uma resina de poliéster modificada pela adição de ácidos gordos e outros componentes. Os alquídicos são derivados de polióis e ácidos orgânicos, incluindo ácidos dicarboxílicos ou anidrido de ácido carboxílico e óleos triglicéridos. O termo alquídico é uma modificação do nome original "alcid", reflectindo o facto de serem derivados de álcool e ácidos orgânicos. A inclusão de um ácido gordo confere uma tendência para formar revestimentos flexíveis. Os alquídicos são utilizados em tintas, vernizes e em moldes para fundição. São a resina ou aglutinante dominante na maioria dos revestimentos comerciais à base de óleo. São produzidas cerca de 200 000 toneladas de resinas alquídicas por ano. Os alquídicos originais eram compostos de glicerol e ácido ftálico vendidos sob o nome de Glyptal. Estes eram vendidos como substitutos das resinas de copal de cor mais escura, criando assim vernizes alquídicos de cor muito mais pálida. A partir destes, foram desenvolvidos os alquídicos conhecidos atualmente.

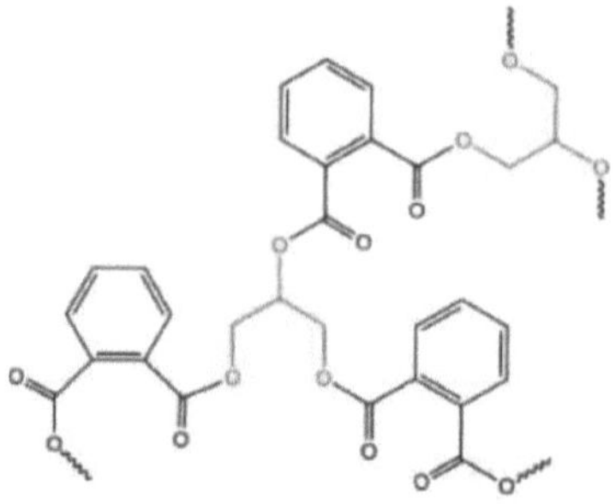

Figura (3.17): estrutura de uma resina alquídica idealizada derivada de glicerol e anidrido ftálico

As resinas alquídicas podem ser classificadas como secantes (incluindo semi-secantes) e não-secantes. Ambos os tipos são normalmente produzidos a partir de ácidos dicarboxílicos ou anidridos, como o anidrido ftálico ou o anidrido maleico, e polióis, como o trimetilolpropano, a glicerina ou o pentaeritritol. Os alquídicos são uma resina sintética e são utilizados em artigos como tintas. Não são o mesmo que as resinas derivadas de fontes naturais, como as plantas.

Para as resinas de secagem, os triglicéridos são derivados de ácidos gordos poli-insaturados (frequentemente derivados de óleos vegetais e vegetais, por exemplo, óleo de linhaça). Estes alquídicos de secagem são curados pelo oxigénio do ar. A velocidade de secagem e a natureza dos revestimentos dependem da quantidade e do tipo de óleo de secagem utilizado (mais óleo poli-insaturado significa uma reação mais rápida no ar) e da presença de catalisadores, os chamados agentes de secagem de óleo. Estes catalisadores são complexos metálicos que catalisam a reticulação dos sítios insaturados. Os sais de cobalto são particularmente eficazes e amplamente utilizados. No entanto, devido à carcinogenicidade do cobalto, a sua utilização em alquídicos está a ser investigada para a eliminar gradualmente. [42]

3.8.2.3   Resina de fenol formaldeído

As resinas de fenol-formaldeído (PF) (resinas fenólicas ou fenoplastos) são polímeros sintéticos obtidos pela reação de fenol ou de fenol substituído com formaldeído. Utilizadas como base para a baquelite, as PF foram as primeiras resinas sintéticas comerciais. Têm sido amplamente utilizados para a produção de produtos moldados, incluindo bolas de bilhar, bancadas de laboratório e como revestimentos e adesivos. Foram, em tempos, o principal material utilizado na produção de placas de circuitos, mas foram largamente substituídos por resinas epoxídicas e tecido de fibra de vidro, tal como acontece com os materiais de placas de circuitos FR-4 resistentes ao fogo.

Existem dois métodos principais de produção. Um reage diretamente com fenol e formaldeído para produzir um polímero de rede termoendurecível, enquanto o outro restringe o formaldeído para produzir um pré-polímero conhecido como novolac, que pode ser moldado e depois curado com a adição de mais formaldeído e calor. Existem muitas variações tanto na produção como nos materiais de entrada que são utilizados para produzir uma grande variedade de resinas para fins especiais.

O fenol reage com o formaldeído nos sítios orto e para (sítios 2, 4 e 6) permitindo a ligação de até 3 unidades de formaldeído ao anel. A reação inicial em todos os casos envolve a formação de um hidroximetilfenol:

$$HOC_6H_5 + CH_2O \rightarrow HOC_6H_4CH_2OH$$

O grupo hidroximetilo é capaz de reagir quer com outro sítio orto ou para livre, quer com outro grupo hidroximetilo. A primeira reação dá origem a uma ponte de metileno, e a segunda forma uma ponte de éter:

$$HOC_6H_4CH_2OH + HOC_6H_5 \rightarrow (HOC_6H_4)_2CH_2 + H_2O$$

$$2\ HOC_6H_4CH_2OH \rightarrow (HOC_6H_4CH_2)_2O + H_2O$$

O difenol $(HOC_6H_4)_2CH_2$ (por vezes designado por "dímero") é designado por bisfenol F, que é um monómero importante na produção de resinas epóxidas. O bisfenol-F pode ainda ligar-se gerando oligómeros de fenol tri e tetra e superiores.

As resinas fenólicas encontram-se em inúmeros produtos industriais. Os laminados fenólicos são fabricados impregnando uma ou mais camadas de um material de base, como papel, fibra de vidro ou algodão, com resina fenólica e laminando o material de base saturado de resina sob calor e pressão. A resina polimeriza-se totalmente (cura) durante este processo, formando a matriz polimérica termoendurecida. A escolha do material de base depende da aplicação pretendida para o produto acabado. Os fenólicos de papel são utilizados no fabrico de componentes eléctricos, tais como placas perfuradas, em laminados domésticos e em painéis compostos de papel. Os fenólicos de vidro são particularmente adequados para utilização no mercado de rolamentos de alta velocidade.

Aplicações da resina de fenol-formaldeído

1. As resinas fenólicas são também utilizadas no fabrico de contraplacado para exteriores, vulgarmente conhecido como contraplacado à prova de intempéries e de fervura (WBP), porque as resinas fenólicas não têm ponto de fusão, mas apenas um ponto de decomposição na zona de temperatura de 220 °C (428 °F) e superior.
2. A resina fenólica é utilizada como aglutinante nos componentes da suspensão do controlador do altifalante que são feitos de tecido.
3. As bolas de bilhar de gama alta são fabricadas a partir de resinas fenólicas, por oposição aos poliésteres utilizados nos jogos menos dispendiosos.
4. Por vezes, as pessoas selecionam peças de resina fenólica reforçada com fibras porque o seu coeficiente de expansão térmica é muito semelhante ao do alumínio utilizado noutras peças de um sistema, como nos primeiros sistemas informáticos e no Duramold.

5. O falsificador de pintura neerlandês Han van Meegeren misturava fenol formaldeído com as suas tintas a óleo antes de cozer a tela acabada, a fim de simular a secagem da tinta ao longo dos séculos.

6. As naves espaciais de reentrada atmosférica utilizam resina de fenol-formaldeído como componente-chave dos escudos térmicos ablativos (por exemplo, AVCOAT nos módulos Apollo). Como a temperatura da pele do escudo térmico pode atingir 1000-2000 °C, a resina piroliza devido ao aquecimento aerodinâmico. Esta reação absorve uma energia térmica significativa, isolando as camadas mais profundas do escudo térmico[43].

3.8.2.4 Ureia-formaldeído

A ureia-formaldeído (UF), também conhecida como ureia-metanal, assim designada devido à sua via de síntese comum e estrutura geral, é uma resina ou polímero termoendurecível não transparente. É produzida a partir de ureia e formaldeído. Estas resinas são utilizadas em adesivos, contraplacado, painéis de partículas, painéis de fibras de média densidade (MDF) e objectos moldados. Na agricultura, os compostos de ureia-formaldeído são um dos tipos de fertilizantes de libertação lenta mais utilizados.

As resinas UF e as resinas amino relacionadas são uma classe de resinas termoendurecíveis, das quais as resinas de ureia-formaldeído representam 80% da produção mundial. Exemplos de utilização de resinas amínicas incluem pneus de automóveis para melhorar a ligação da borracha, papel para melhorar a resistência ao rasgamento e moldagem de dispositivos eléctricos, tampas de frascos, etc.

A estrutura química do polímero UF consiste em unidades de repetição [(O)CNHCH2NH]n. Em contraste, as resinas de melamina-formaldeído apresentam unidades de repetição NCH2OCH2N. Dependendo das condições de polimerização, pode ocorrer alguma ramificação. As fases iniciais da reação do formaldeído e da ureia produzem

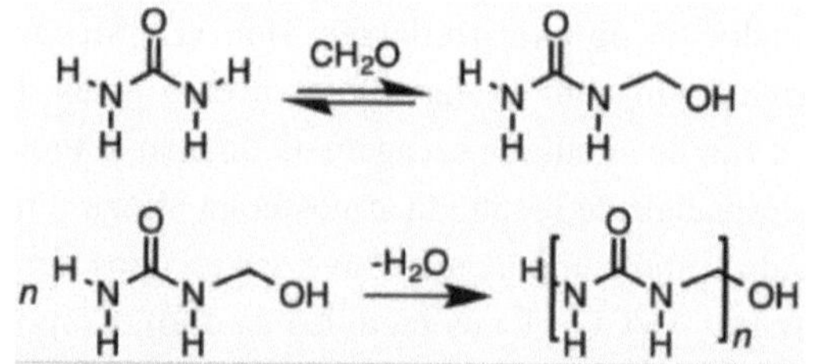

Figura (3.18): duas etapas na formação da resina de ureia-formaldeído

Aplicações da ureia-formaldeído

1. A ureia-formaldeído é omnipresente. A ureia-formaldeído é amplamente utilizada devido ao seu baixo custo, tempo de reação rápido, elevada força de ligação, resistência à humidade, falta de cor e resistência à abrasão e aos micróbios. Os exemplos incluem laminados decorativos, têxteis, papel, moldes de areia de fundição, tecidos resistentes a rugas, misturas de algodão, rayon, bombazina, etc. É também utilizado como cola para madeira. Na indústria da madeira, é utilizado como um adesivo termoendurecível para unir madeira para criar contraplacado e painéis de partículas. Também é utilizado como cola para madeira.

2. Os compostos de ureia-formaldeído são amplamente utilizados como fontes de azoto de libertação lenta na agricultura. A taxa de decomposição em CO_2 e NH_3 depende do comprimento das cadeias de ureia-formaldeído e da ação de micróbios que se encontram naturalmente na maioria dos solos. A atividade destes micróbios e a taxa de libertação de amoníaco dependem da temperatura. A temperatura óptima para a atividade microbiana é de cerca de 70-90 °F (21-32 °C).

3. A comercialização do isolamento de espuma de ureia-formaldeído (UFFI) data da década de 1930 como um isolamento sintético com condutividade térmica de 0,0343 a 0,0373 W/m-K, o que equivale a valores U para 50 mm de espessura entre 0,686 W/m2K e 0.746 W/m2K ou valores R entre 1,46 m2K/W e 1,34 m2K/W (0,26 °F·ft2·h7BTU e 0,24 °F·ft2·h7BTU para 1,97 polegadas de espessura).UFFI é uma espuma com consistência semelhante à do creme de barbear, que é facilmente injetada ou bombeada para os

espaços vazios. É normalmente fabricada no local utilizando um conjunto de bomba e mangueira com uma pistola de mistura para misturar o agente espumante, a resina e o ar comprimido. A espuma totalmente expandida é bombeada para as áreas que necessitam de isolamento[44].

Vantagens dos polímeros termoendurecíveis

1. Os materiais termoendurecíveis aumentam a resistência química, a resistência ao calor e a integridade estrutural, bem como as caraterísticas mecânicas do material.

2. Devido à sua resistência à deformação, os polímeros termoendurecíveis são utilizados para produtos selados.

3. Os plásticos termoendurecíveis são mais resistentes a temperaturas elevadas do que os termoplásticos.

4. Têm um design altamente flexível, podem ser fabricados com paredes espessas ou finas, têm uma boa aparência estética, têm uma elevada estabilidade dimensional e são económicos.

5. Não existe um comportamento de mudança reversível no termoendurecido.

6. Os polímeros termoendurecíveis criam ligações ou ligações químicas entre cadeias vizinhas durante a polimerização (cura). Como resultado, a rede tridimensional é significativamente mais rígida do que a construção termoplástica bidimensional (linear).

7. Quando o calor é aplicado e o termoendurecedor é colocado numa forma dura permanente, as cadeias interligadas não são livres de se mover.

8. Os termoendurecíveis de baixa densidade de reticulação podem ser amolecidos por aquecimento a altas temperaturas, mas não derretem (como os termoplásticos) e mantêm a sua forma original.

9. Os termoendurecíveis, como as resinas fenólicas e epoxídicas, têm uma longa história como materiais para placas de circuitos e embalagens.

10. Os termoendurecíveis são preferidos para muitas aplicações de pasta húmida porque têm um baixo teor de solventes e podem ser acomodados sem dificuldade em processos de pasta húmida para a colagem de superfícies fiat de grande área.

Desvantagens dos polímeros termoendurecíveis

1. Os plásticos termoendurecíveis não podem ser reciclados.
2. É difícil proporcionar um acabamento de superfície liso aos polímeros termoendurecíveis.
3. Não pode ser remodelado ou remodelado[45].

3.8.3 Elastómeros

Os elastómeros são polímeros que podem ser esticados muitas vezes para além do seu comprimento original, mas que regressam rapidamente à sua forma original sem sofrerem uma deformação permanente quando a tensão é removida. Elastómero vem da palavra "elástico" (que descreve a capacidade de um material voltar à sua forma original quando a carga é removida) e "mer" (de polímero, em que "poli" significa muitos e "mer" significa parte). Após o alongamento, as cadeias de polímero assumem uma disposição mais ordenada que corresponde a uma entropia mais baixa e resulta no aquecimento do elastómero. Quando a tensão é removida, o elastómero contrai-se e arrefece ao mesmo tempo. A figura 1 ilustra o conceito de elastómero. O elastómero termoplástico (TPE) ganhou reconhecimento como a terceira geração de materiais poliméricos para isoladores de alta tensão (AT). Os aspectos electrizantes do TPE foram observados para alcançar alguns isolamentos de AT particulares, pelo menos para as aplicações da classe de distribuição, especialmente em ambientes de contaminação ligeira. Atualmente, os TPE, principalmente a borracha de silicone (PDMS), o copolímero de etileno-acetato de vinilo (EVA), o elastómero de borracha de etileno-propileno-dieno contraem-se e arrefecem ao mesmo tempo. A figura (3.12) ilustra o conceito de elastómeros. escolha como isolante devido ao seu desempenho e menor custo.

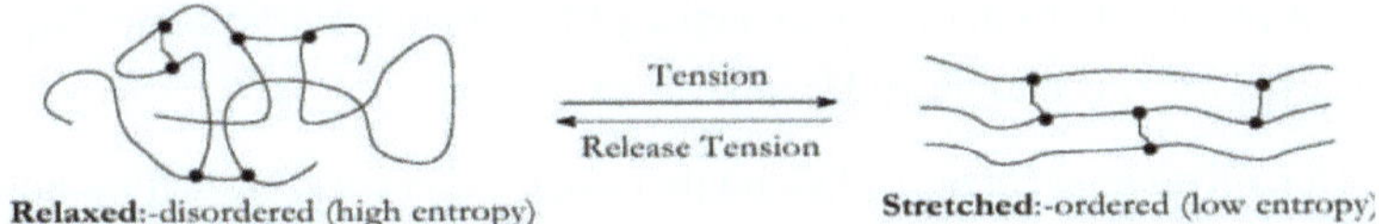

Figura (3.19): Modelo de elastómero com um baixo grau de reticulação sob tensão.

Referências

[1] A.O. Inegbeneborl , F.A. Adeniji , Electrical Insulative Properties of Some Agro-Waste Materials, University of Maiduguri-Borno State, Nigéria , Vol. 30, No. 1, (julho de 2007), pp. 17-18 .

[2] Deba Kumar Mahanta , Shakuntala Laskar , Electrical insulating liquid: A review , Electrical Engineering Department Assam Engineering College, Guwahati 781013, Assam, India, pp. 1

[3] Saums, H.L., e Pendleton, W.W., (1973). Electrical Insulating and Dielectric Functions. Hoyden, Nova Iorque.

[4] Indranil Chakraborty , Química de Polímeros , Departamento de Química, Paper- DSE 4T (6th Sem),pp. 2 .

[5] Gilbert Teyssedre , Christian Laurent , Avanços em materiais poliméricos isolantes de alto campo ao longo dos últimos 50 anos, IEEE Electrical Insulation Magazine · setembro de 2013 , pp. 27-33 .

[6] S. Hvidsten, B. Holmgren, L. Adeen, e J. Wetterstrom, "Condition as sessment of 12- and 24-kV XLPE cables installed during the 80s. Results from a joint Norwegian/Swedish research project," IEEE Electr. Insul. Mag., vol. 21, no. 6, pp. 17-23, 2005.

[7] Engr. Dr. Nzenwa Eziuche Chukwuemeka , Engr. Adeniyi D. Adebayo , Análise de isoladores para redes de distribuição e transmissão , maio de 2020 ,pp. 140 .

[8] Dr. Nagham Mahmood Aljamali , Muhsin Mohammed Al Najim , Anaam Jawad Alabbasy, Tipos de isoladores eléctricos e suas aplicações eléctricas , novembro de 2021 , pp. 20-21 .

[9] https://www.gminsights.com/industry-analysis/electric-insulator-market.

[10] Dr. Tawfeeq Wasmi M. Salih , Fundamentos e Aplicações dos Materiais de Isolamento , Universidade de Mustansiriyah Bagdade, Iraque , 2021 , pp. 135 .

[11] Stephy B. Walukow , Salama Manjang , Zahir Zainuddin , Faizal Arya

Samman , Análise do projeto de isoladores cerâmicos e poliméricos de 150 kV para condições tropicais utilizando o software Quick Field , Sulawesi do Norte, Indonésia , 2018 , pp. 4 .

[12] https ://www.epl. cz/data/TOP 10EN.pdf

[13] Marilyn Albers , N.R. Woodward , GLASS INSULATORS FROM OUTSIDE NORTH AMERICA (SECOND REVISION) , Texas, U.S.A.
[14] https://www.sytroncoelectric.com/news/advantages-and-disadvantages-of- isoladores de vidro

[15] Paxton Guidroz , As vantagens dos isoladores eléctricos de plástico em relação aos
Materiais tradicionais , 12 de outubro de 2023 ,
https://www.intrepidindustries.com/blog/the-benefits-of-plastic-electrical-isolators-over-traditional-materials/

[16] https://zmscable.es/en/diferencias-cables-aislados-plastico-caucho/

[17] https ://en.m. wikipedia.org/ wiki/ Strain_insulator

[18] Abhiraaz August , Tipos de isoladores de deformação, Vantagens, Desvantagens,   2023,   https://www.electrical-eee.com/2023/08/strain-insulator-types-
vantagem.html?m=1

[19] https://circuitglobe.com/pin-insulator.html

[20] Rutuja Bandu Tongse, Nikita Sanjay Awankar , Sarthak Jaywant Kurhade, Yash Raju Shendre, Sneha Shrikrushna Nawalkar, Diksha Prakash Mate, Types of Insulators Used in Transmission (Overhead) Lines , Jawaharlal Darda Institute of Engineering and Technology Yavatmal, Índia , agosto de 2023, pp. 855-856 .

[21] https://www.elprocus.com/what-is-shackle-insulator-working-its-applications/

[22] Krystian Leonard Chrzan Universidade de Tecnologia de Wroclaw , INFLUÊNCIA DO PERFIL NO DESEMPENHO POLUTIVO DE ISOLADORES DE LONGROD CERÂMICOS 2008, Polónia .

[23] https://www.theengineerspost.com/types-of-insulators/

[24] https://tuofa.co/beyond-the-egg-shape-stay-insulator-design-applications/

[25] Panagiotis Charalampidis , Characterisation of Textured Insulators for Overhead Lines and Substations, Escola de Engenharia da Universidade de Cardiff, 2012 , pp. 4 .

[26] Sunanda C, Dr. G.S. Sheshadri, Dr. M.N. Dinesh, Análise do campo elétrico de isoladores de borracha de silicone de 11 kV com enchimento nanométrico, Karnataka, Índia, pp.1-2.

[27] Mukden UDUR, Ayten KUNTMAN, Ahmet MEREV, COMPARAÇÃO DOS MÉTODOS DE ENSAIO ACELERADOS DE CONTAMINAÇÃO ARTIFICIAL UTILIZADOS NA AVALIAÇÃO DOS ISOLADORES POLIMÉRICOS ,Estanbul , 2002 , pp. 113.

[28] Muhammad Amin, Muhammad Salman, AGING POLYMERIC INSULATORS (AN OVERVIEW), Taxila, Paquistão, 2006, pp. 94 .

[29] Dr. Y.Z. Khan, Prof. A.A. Al-Arainy, Prof. N.H. Malik , Dr. M.I. Qureshi , EFFECT OF THERMO-ELECTRICALSTRESSES AND ULTRAVIOLETRADIATION ON POLYMERICINSULATORS, 2006 , pp. 9-14.

[30] Isolador de polímero - Design, Aplicações e Mecanismo, 29 de março de 2024, https://axis-india.com/polymer-insulator-design-applications-mechanism/

[31] Vytenis Babrauskas , Mecanismos e modos de ignição de fios, cabos e cordões de PVC de baixa tensão , janeiro de 2005,pp. 291.

[32] Adnan Krzma, A. Haddad , M. Albano, Comparative Performance of 11kV Silicone Rubber Insulators using Artificial Pollution Tests , Cardiff University, U.K. , setembro de 2015 .

[33] SK Manirul Haque , Jorge Alfredo Ardila-Rey , Yunusa Umar , Abdullahi Abubakar Mas'ud , Firdaus Muhammad-Sukki , Binta Hadi Jume , Habibur Rahman,Nurul Aini Bani , Application and Suitability of Polymeric Materials as Insulators in Electrical Equipment,2021, pp. 16-22 .

[34] David E. Henton, Patrick Gruber, Jim Lunt e Jed Randall , Polylactic

Acid Technology, · abril de 2005, pp. 528.

[35] Ozan Avinc, Akbar Khoddami , OVERVIEW OF POLY(LACTIC ACID) (PLA) FIBRE, Fibre Chemistry, Vol. 41, No. 6, 2009 pp, 396-397.

[36] https://europlas.com.vn/en-US/blog-1/what-is-polycaprolactone-structure- densidade-e-aplicações

[37] https://lakeerierubber.com/what-is-epdm-rubber-properties-applications-uses/

[38] https://en.m.wikipedia.org/wiki/Polytetrafluoroethylene

[39] Ayesha Kausar, Role of Thermosetting Polymer in Structural Composite , Islamabad, Pakistan ,pp. 2.

[40] https://www.xometry.com/resources/materials/what-is-epoxy/

[41] https://www.chemicalsafetyfacts .org/ chemicals/epoxy-resins/

[42] https://en.m.wikipedia.org/wiki/Alkyd

[43] https://en.wikipedia.org/wiki/Phenol_formaldehyde_resin

[44] https://en.wikipedia.org/wiki/Urea-formaldehyde

[45] https://collegedunia.com/exams/thermosetting-polymer-structure-caraterísticas-e-vantagens-química-artigoid-1807

Printed by Books on Demand GmbH, Norderstedt / Germany